Das große Jeep Buch

Michael Füngeling

Das große Jeep Buch

Von Willys bis Wrangler

AC Verlag

Michael Füngeling
Das große Jeep Buch
Von Willys bis Wrangler
AC Verlag, Ottobrunn bei München 1996

Umschlaggestaltung: Eva Maria Sperlich
Layout: Eva Maria Sperlich
Redaktionelle Koordination: Nicole Ballweg

Fotos: Archiv OFF ROAD,
Chrysler Corporation USA, Chrysler Deutschland
Printed in Germany
Lithographie: Nureg, Nürnberg
Druck: Druck und Verlagshaus Erfurt, Erfurt

ISBN 3-930193-14-0

Zu diesem Buch

Jeep ist kein Name, sondern ein Begriff. Ein Begriff, der sich so fest eingebürgert hat, daß alles, was nach Geländewagen aussieht, im Volksmund „Jeep" genannt wird. Ein größeres Kompliment kann man den Herstellern des Originals sicher nicht machen, auch wenn eingefleischte Fans des US-Klassikers davon nicht immer begeistert sind. Dennoch wächst gerade in Deutschland die Zahl der Menschen, die in einem Jeep eine originelle und zuverlässige Alternative zum automobilen Einerlei unserer Tage erkennen. Dieses Buch wendet sich an solche Liebhaber, gleich ob sie nun schon seit langem Jeep fahren oder sich noch mit der Absicht tragen, einen zu kaufen. Speziell der zweiten Gruppe soll das große Jeep Buch eine Entscheidungshilfe sein, indem es umfassend über die vielen Ausführungen des bekanntesten Offroaders der Welt informiert.

Michael Füngeling

Inhalt

Uncle Sam wants you

Willys MA/MB 1940-45

„Der Krieg ist der Vater aller Dinge" – dieser Weisheit der alten Griechen möchte man in unserem leidgeprüften Jahrhundert nur ungern zustimmen. Trotzdem kann sich auch der glühendste Pazifist nicht der Erkenntnis verschließen, daß die kulturelle und vor allem die technische Entwicklung der Menschheit durch Kriege immer wieder beschleunigt wurde. Neben eher unerfreulichen Erfindungen wie der ballistischen Rakete oder der Atombombe hat der bislang furchtbarste Konflikt der Menschheitsgeschichte, der Zweite Weltkrieg, immerhin auch ein so nützliches Produkt wie den Jeep hervorgebracht.

Dank der immensen Produktionszahlen gibt es auch heute noch echte Jeeps aus dem 2. Weltkrieg in privaten Händen, so wie diesen MB.

Willys-Overland: Der Anfang

John North Willys war eine jener typischen Gründerpersönlichkeiten, die mit Dynamik, Einfallsreichtum und schier unerschütterlichem Optimismus die Frühzeit der amerikanischen Automobilindustrie zu Beginn des 20. Jahrhunderts prägten. Willys begann als Autohändler in Elmira im Bundesstaat New York, kaufte 1907 die Overland Company, einen kränkelnden Pkw-Hersteller in Indianapolis und wurde so selbst zum Produzenten. Im Jahr darauf benannte er das Unternehmen in Willys-Overland um und verlegte den Firmensitz nach Toledo, Ohio. Durch geschicktes Management und gute, preiswerte Fahrzeuge machte er im Jahre 1912 Willys-Overland nach Ford zum größten Automobilhersteller der USA, 1918 gar zum zweitgrößten der Welt. In den folgenden Jahrzehnten brillierte die Firma mit eigenwilligen und preiswerten Fahrzeugen wie dem 1926 eingeführten Whippet oder dem Willys-Knight der frühen Dreißiger. 1928 lag Willys mit knapp 320 000 produzierten Automobilen an dritter Stelle hinter den Giganten Ford und Chevrolet. Die Große Depression als Folge des Börsenkraches von 1929 erschütterte die USA, vor allem die dauerhafte Massenarbeitslosigkeit, die Spitzenwerte von bis zu 19 Prozent erreichte. Selbst das „New Deal"-Programm des 1933 gewählten Präsidenten Franklin Delano Roosevelt, das auf staatliche Beschäftigungsprogramme setzte, brachte keine nennenswerte Entlastung für den Arbeitsmarkt. Noch im Jahre 1940 lag die Arbeitslosenquote bei 14,2 Prozent. Der aus der Arbeitslosigkeit resultierende Kaufkraftverlust der amerikanischen Bevölkerung brachte neben zahllosen Firmen aller Branchen auch Willys-Overland an den Rand des Ruins. Die Rettung für Willys (und die US-Wirtschaft im allgemeinen) kam – indirekt – durch Adolf Hitler. Die militärischen Drohgebärden Nazideutschlands Ende der dreißiger Jahre machten deutlich, daß ein neuer Krieg bevorstand. Nach jahrelanger, durch die isolationistische Politik der USA bedingter Inaktivität begannen sich die amerikanischen Militärs langsam, aber stetig auf den unvermeidlichen Waffengang vorzubereiten. Neue Strategien bedingten auch neues Gerät, um für den Einsatz im Feld gerüstet zu sein. Bereits 1938, nach dem Anschluß Österreichs und der Annektion des Sudetenlandes, bekundete die US-Army ihr Interesse an einem neuen leichten Aufklärungsfahrzeug, das die bis dahin für diesen Zweck verwendeten Motorräder mit Beiwagen ersetzen sollte. Die Automobilhersteller der USA wurden von dem Wunsch der Militärs in Kenntnis gesetzt und begannen mit den entsprechenden Entwicklungsarbeiten.

Die ersten Prototypen tauchten im September 1939 bei der Army auf. Es handelte sich um drei Fahrzeuge der Firma American Bantam. Der 1930 als American Austin gegründete und fünf Jahre später in American Bantam umbenannte Kleinwagenhersteller in Butler, Pennsylvania, lieferte den Testern der Armee ein wahrhaft leichtes Fahrzeug: Jeder der drei Prototypen wog nur knapp

Ein echter Jeeper fährt seinen MB auch zu den üblichen Gelände-Trials.

580 kg. Die harten Tests konnten sie nicht bestehen und wurden als für militärische Zwecke ungeeignet abgelehnt. Zur gleichen Zeit beauftragte Ward Canaday, der Vorsitzende von Willys-Overland, den für die technische Entwicklung im Unternehmen zuständigen Vizepräsidenten Delmar „Barney" Roos, mit der Arbeit an einem Fahrzeug nach den Wünschen der Armee zu beginnen. Die ersten Skizzen wurden am 22. Dezember 1939 an den Chef der Planungsabteilung des Generalstabs der US-Army, Colonel Sutherland, übergeben.
Bereits in diesen Skizzen hatte Roos das Basiskonzept des späteren Jeeps als Vielzweckfahrzeug festgelegt, ein Konzept, das den Einsatz des Wagens nicht nur als leichter Aufklärer, sondern auch als Waffenträger vorsah, ein Aspekt, den man bei American Bantam vollkommen übersehen hatte. Doch bis zum endgültigen Jeep war noch ein weiter Weg zurückzulegen. Im März 1940 waren Roos und J.W. Frazier, der Präsident von Willys-Overland, im Armee-Stützpunkt Camp Benning, Georgia, zugegen, als der „Howie Bellyflopper", ein von zwei Offizieren entwickelter kleiner Geländewagen, getestet wurde. Das Fahrzeug sollte möglichst flach sein, um ein schlechtes Ziel abzugeben, also war es so konstruiert, daß der Fahrer auf dem Bauch (belly = engl. „Bauch") liegen mußte. Roos war von der primitiven Ausführung des Bellyflopper nicht begeistert, weil er wußte, daß er es besser machen könnte.

Die Army war die Spielereien satt und wollte angesichts des sich ausweitenden Krieges in Europa endlich Resultate sehen. Bei der Vorstellung eines weiteren Prototypen von American Bantam im Juni 1940 war das Fahrzeug erneut bei den Armee-Ingenieuren durchgefallen, die es für zu leicht befanden. Am 11. Juli 1940 schließlich erging eine offizielle Ausschreibung des Militärs an 135 Autohersteller. Die Vorgaben: Das gewünschte Vehikel sollte allradgetrieben sein, maximal 590 kg wiegen und dabei eine Nutzlast von bis zu 300 kg transportieren können. Es sollte einen Radstand von nicht mehr als 2032 mm haben, eine Bodenfreiheit von 16 cm und eine Spurweite, die 1193 mm nicht überschreiten sollte. Der Motor schließlich sollte mindestens 115 Nm Drehmoment produzieren. 70 Fahrzeuge sollten zunächst geliefert werden, wobei der erste Prototyp innerhalb von 49 Tagen zur Verfügung stehen mußte, die übrigen Wagen innerhalb von 75 Tagen.
Nur drei der kontaktierten Firmen sahen sich den Herausforderungen dieser Ausschreibung gewachsen: American Bantam, Willys-Overland und die Ford Motor Company. Bantam erhielt den Zuschlag, weil es ihnen als einzigen gelungen war das Zeitlimit der Armee einzuhalten. Willys hatte 75 Tage für die Lieferung des ersten Prototypen und 120 Tage für den Rest angeboten. Barney Roos wies in einem Schreiben an die Armee darauf hin, daß ein Fahrzeug von nur 590 kg Gewicht seiner Ansicht nach den Belastungen im Kriegseinsatz nicht gewachsen sei. Daraufhin riet ihm der zuständige Beschaffungsoffizier auf dem Testgelände in Camp Holabird, Major H.J. Lawes, ein Pilotfahrzeug nach seinen, Roos', Vorstellungen, für Testzwecke zu bauen. Der gleiche Rat erging auch an die Entwickler bei Ford.

Die Army bestimmt den Kurs des Jeep

Im November 1940 traten schließlich alle drei Modelle in Camp Holabird gegeneinander an. Willys hatte zwei Testwagen mitgebracht, die auf den Spitznamen „Quad" hörten. Beide konnten mit Heck- oder Allradantrieb gefahren werden und einer hatte sogar eine Allradlenkung. Den Betrachtern fiel die große Ähnlichkeit der konkurrierenden Entwürfe auf, was die Bantam-Leute in Rage versetzte und von Ideendiebstahl reden ließ. Ihr BRC (Bantam Reconnaissance Car, auch „Blitz Buggy" genannt) aus der Hand von Ingenieur Karl Probst hatte zuerst zur Verfügung gestanden und war von Willys- und Ford-Ingenieuren untersucht worden; sogar die Blaupausen hatte die Armee beiden Firmen überlassen, um die Entwicklung zu beschleunigen.
Der Vorwurf des Plagiats war sicherlich übertrieben, denn die Ähnlichkeiten beschränkten sich auf die Optik. Technisch waren die drei Fahrzeuge durchaus unterschiedlich. Alle drei überschritten das vorgeschriebene Gewichtslimit, der Blitz Buggy um 331, der Quad

Der MA, erkennbar an den freistehenden Lampen auf den Kotflügeln.

Einer der beiden 1940er „Quad"-Testwagen, der Ur-Willys sozusagen.

sogar um satte 500 kg. Dennoch hatte der Willys einen entscheidenden Vorzug: seinen Motor. Der arbeitete bereits seit 1933 in verschiedenen Willys-Pkw und war im Laufe seiner Entwicklung immer weiter verbessert worden. Der 2,2-Liter-Vierzylinder glänzte mit 142 Nm Drehmoment und übertraf damit sowohl den Ford-Motor als auch das vom Motorhersteller Continental stammende Bantam-Aggregat, die beide lediglich die Mindestanforderung von 115 Nm Drehmoment erfüllten.

Aufwendige Testverfahren in Camp Holabird

Obendrein schien der Quad das ausgereifteste Fahrzeug zu sein. Kein Wunder, denn 65 Prozent der hier verwendeten Teile stammten, wie der Motor, aus den zeitgenössischen Willys-Pkw, während sowohl der Blitz Buggy als auch Fords GP (abgekürzt für General Purpose) vollständig neue und somit unerprobte Entwicklungen waren.

Die Army mochte sich aufgrund der Tests in Camp Holabird noch nicht für einen Wagen entscheiden und orderte daher für einen Großversuch 4500 Fahrzeuge, 1500 von jedem Modell. Die Militärs hatten inzwischen auch Barney Roos' Einwände anerkannt, daß das ursprünglich festgelegte Gewichtslimit viel zu niedrig gewesen war und beschlossen, auf 980 kg hochzugehen. Die Willys-Ingenieure, entschlossen, ihren von der Armee so geschätzen Motor beizubehalten, verordneten dem Quad eine Schlankheitskur, um die überschüssigen 110 kg abzuspecken. Und tatsächlich, als im Juni 1941 die Lieferung der 1500 Fahrzeuge an die Army begann, lag der neue Geländewagen nur noch vernachlässigbare 198,5 Gramm über der offiziellen Gewichtsvorgabe.

Aufgrund der Ergebnisse des Großversuches beschloß die Army, die besten Eigenschaften von Quad, Blitz Buggy und GP in einem einzigen Standardmodell zu vereinen, wobei der Quad die Basis darstellte und lediglich entsprechend modifiziert wurde. Das Ergebnis war der „MA", der noch über freistehende Scheinwerfer auf den Kotflügeln verfügte. Er wurde bereits während des Jahres 1941 durch den MB abgelöst, der das klassische Kühlergesicht mit den integrierten Scheinwerfern trug. Im Juli 1941 erhielt Willys den Zuschlag, einen Militärauftrag über 16 000 der neuen Fahrzeuge, weil das Unternehmen billiger als Ford 125 Fahrzeuge pro Tag herstellen konnte.

Bantam fiel aus dem Rennen, weil die Produktionskapazität ihres Werkes zu klein war. Das Unternehmen mußte vor allem deswegen noch vor dem Kriegseintritt der USA am 7. Dezember 1941 die Produktion des Jeeps nach genau 2675 Vorserien-Einheiten aufgeben. Der Bedarf an den kompakten Geländewagen, für die sich bereits der Begriff „Jeep" einzubürgern begann, wuchs inzwischen so schnell, daß Willys ihn allein nicht mehr decken konnte. Ein Folgeauftrag im Herbst 1941 über weitere 15 000 Fahrzeuge mußte das Unternehmen, zusammen mit den Bauplänen für den Jeep, an Ford abgeben. Doch zu Eifersüchteleien bestand eigentlich kein Anlaß, denn die Großaufträge im Verlauf des Krieges sollten beide Firmen hinreichend beschäftigen.

Es läßt sich nicht leugnen, daß der Zweite Weltkrieg ein Segen für die amerikanische Wirtschaft war, bescherte er ihr doch einen noch viel größeren Aufschwung, als der Große Krieg von 1914-18 es getan hatte. Durch den immensen Bedarf an Arbeitskräften vor allem in der Industrie und natürlich auch durch die Wehrpflicht verschwanden die Arbeitslosen von den Straßen, die Quote sank bis 1945 auf 4,2 Prozent, in vielen Regionen des Landes herrschte Vollbeschäftigung, ja sogar Arbeitskräftemangel. Vor diesem Hintergrund verflogen die Sorgen bei Willys-Overland über die wirtschaftliche Lebensfähigkeit des Unternehmens. Der Jeep rettete die Firma vor dem Untergang.

An dieser Stelle zunächst der unvermeidliche Exkurs über die Herkunft des Namens „Jeep". Die Historiker sind sich bis heute nicht einig, wer den Begriff geprägt hat und welchen etymologischen Ursprunges er ist. Die einen sind der Ansicht, der Name sei eine Lautmalerei aus den Buchstaben GP, sprich auf englisch „dschie pie", verkürzt zu Jeep. Mit GP hatte Ford seinen Geländewagentyp bezeichnet, was wiederum andere Experten glauben läßt, daß ein Willys nie mit einer Ford-Bezeichnung hätte versehen werden können. Wieder andere verweisen auf eine Comic-Figur namens Eugene the Jeep, die in den Cartoons über den spinatfutternden Seemann Popeye ab 1936 auftauchte. Eugene, der aussah wie eine Mischung aus Hund und Katze, hatte die Fähigkeiten, zwischen den Dimensionen hin- und herreisen und Probleme aller Art lösen zu können. Diese Eigenschaften hätten, so meinen die Vertreter der Eugene-Schule, die Soldaten mit dem neuen Geländewagen in Verbindung gebracht, der auch alles möglich zu machen schien.

Fest steht jedoch, daß der Begriff Jeep erstmals am 20. Februar 1941 öffentliche Erwähnung fand, und zwar in einem Artikel der „Washington Daily News". Unter der Schlagzeile „Jeep Creeps Up Capitol Steps" beschrieb die Reporterin ihre Eindrücke während einer Vorführung des neuen Wagens in Washington, D.C., bei dem Willys-Testfahrer Irving „Red" Hausmann ihr gegenüber den Namen erwähnte. Wie auch immer, „Jeep" wurde zum Begriff bei den US-Truppen und ist bis heute nicht aus dem Sprachgebrauch wegzudenken.

Die drei Konkurrenten auf einen Blick: links der Bantam, in der Mitte der Willys MA, rechts der Ford GP.

Der Rest ist Geschichte. Jeeps wurden auf allen Kriegsschauplätzen der Welt eingesetzt, in Europa, Asien und Afrika. Sie dienten in allen alliierten Streitkräften, einschließlich der Roten Armee und der nationalchinesischen Armee Tschiang-Kai-Sheks. Auch die Angehörigen der deutschen Wehrmacht wußten die Qualitäten erbeuteter Jeeps zu schätzen, zum Beispiel bei Rommels Afrika-Korps, dessen Fahrzeugpark sich zeitweise bis zu 80% aus Beutebeständen rekrutierte. Es schien nichts zu geben, was der Jeep nicht konnte. Er wurde nicht nur als Aufklärungsfahrzeug eingesetzt, sondern auch als Waffenträger für Maschinengewehre und sogar leichte Artillerie, als Munitionslaster, als Sanitätswagen, als Pickup und vor allem zum Personentransport. Durch seine Allgegenwart wurde er zum Symbol für den Sieg der Alliierten, seine Vielseitigkeit und Zähigkeit machten ihn zur Legende in aller Welt.

Willys-Overland sollte bis Ende des Zweiten Weltkrieges 359 849 MB bauen (manche Quellen sprechen von 361 349, andere von 368 714), Ford steuerte 277 896 Exemplare seines GPW (General Purpose Willys) bei, macht zusammen also mindestens 637 745. Was dem Kriegseinsatz des Jeep folgte, war eine erstaunliche „success story", die auch heute noch weitergeschrieben wird, wie die folgenden Kapitel zeigen sollen.

Der erste Serien-Jeep, der MA, wurde nur wenige Monate gebaut und im Laufe des Jahres 1941 durch den MB abgelöst.

CJ-2A/3A/3

1946 - 65

Nach der Entlassung

Nach Beendigung des Zweiten Weltkrieges fanden sich B-17-Bomber, Sherman-Panzer oder Landungsboote zu Tausenden auf Schrottplätzen wieder, weil sie für das Zivilleben nicht zu gebrauchen waren. Ganz anders dagegen der Jeep, dessen Überschußbestände von der U.S. Army in alle Welt geliefert wurden. Damit nicht genug: In Erwartung eines wachsenden Automobilmarktes bot Willys bereits kurz nach Kriegsende eine Zivilversion ihres Erfolgs-Allradlers an, genannt CJ- (Civilian Jeep) 2A. Der direkte Nachfahre des MB fand schon bald eine langsam, aber stetig wachsende Käuferschicht und sollte, angemessen weiterentwickelt, noch bis ins Jahr 1965 weitergebaut werden.

Ein neuer Anfang:

Der Jeep wird Zivilist

Am 17. Juli 1945, also noch vor der Kapitulation Japans (1. September 1945), lief der erste CJ- (Civilian Jeep) 2A vom Band. Der einzige sichtbare Unterschied zum MB, der Militärversion, war die Anbringung des Reserverades an der Beifahrerseite des Fahrzeuges anstatt am Heck. Nicht sichtbar war die Verwendung eines größeren 3-Ganggetriebes von Warner Gear, dessen Schalthebel an der Lenksäule angebracht war. Den Antrieb besorgte ein 2,2-Liter-Vierzylinder-Benziner mit 60 PS, wie er auch in der Militärversion verwendet wurde.

Um die vor allem unter den Farmern des Mittleren Westens und Industrieunternehmen vermutete Kundschaft zu ködern, bot Willys den CJ-2A mit verschiedenen für diese Käuferschichten nützlichen Extras an. So konnte der Landwirt für $ 96,25 einen Nebenantrieb bestellen, der ihm den Betrieb diverser Agrarwerkzeuge ermöglichte, etwa Pflüge, Eggen, Sensen, die gleichfalls bei Willys erhältlich und alle auf den Jeep zurechtgeschnitten waren. Für die Industrie gab's Kompressoren, Generatoren, Schweißgeräte, Planierrollen und eine Hebevorrichtung, um den Jeep in eine Art Gabelstapler zu

Der Willys MB mutierte nach dem 2. Weltkrieg zum CJ-2A. Der Wrangler gemahnt auch heute noch an die Grundform des Jeep.

verwandeln. Wer bei der Arbeit im Trockenen sitzen wollte, der mußte ein Verdeck extra bestellen, für $ 57,50.

Der Ziviljeep schlug unerwartet gut ein, trotz der Unkenrufe verschiedener Kritiker, die dem spartanischen Vehikel beim komfortliebenden amerikanischen Publikum keine Chancen einräumten. In der Tat waren die Amerikaner nach den Depressionsjahren und dem anschließenden Krieg „ready for the good life" und verlangten größere, schnellere und luxuriösere Autos als die, die sie vor dem Krieg besessen hatten. Dem Erfolg des Jeep tat das keinen Abbruch, denn auf dem riesigen, leergefegten Nachkriegsmarkt fanden sich auch genügend Interessenten, die den robusten Allradler schätzten. Bezeichnenderweise trug der CJ-2A noch nicht den Namen Jeep, denn noch immer war gegen Willys-Overland eine Klage der American Bantam Car Co. und einer weiteren Firma anhängig, die Willys des geistigen Diebstahls des Begriffes „Jeep" bezichtigten. Obwohl American Bantam nicht (mehr) im Fahrzeugbau tätig war, hätte ein Sieg vor Gericht bares Geld für sie bedeutet, da Willys für die Verwendung des Markenzeichens „Jeep" Lizenzgebühren hätte zahlen müssen. Wie die Geschichte ausging, ist bekannt: Willys-Overland erhielt später die Rechte zugesprochen und durfte seine Produkte ganz offiziell „Jeep" nennen.

Im ersten vollen Modelljahr, 1946, gab Willys die Lenkradschaltung auf und verlegte den Schalthebel wieder in die Wagenmitte. Ansonsten beschränkte man sich auf kleinere technische Veränderungen. Erst 1949 machte der Jeep wieder von sich reden, als während des Modelljahres der CJ-2A durch den CJ-3A ersetzt wurde, der oberflächlich betrachtet genauso aussah wie sein Vorläufer, aber einige Detailverbesserungen aufwies. Der Neue hatte eine ungeteilte Windschutzscheibe und die Scheibenwischer waren jetzt unterhalb der Scheibe angebracht und nicht mehr oben. Außerdem gab es einen neuen Kühlerradiator und ein neues Schwungrad im Motor sowie kleinere Modifikationen.

Vom CJ-2A zum CJ-3A

Willys pries den Jeep als ein Fahrzeug an, das eine 70%-Steigung überwinden, 550 kg Nutzlast tragen und mehr als eine Tonne Gewicht ziehen konnte. Im Modelljahr 1951 bot Willys zwei neue Ausführungen des CJ-3A an: zum einen ein „rolling chassis", sprich ein fahrbereiter Jeep ohne Karosserieaufbau, der sich vor allem an die Hersteller von Sonderkarosserien wandte; zum anderen gab es den „Farm Jeep", eine Art Son-

Der Jeep CJ-3B mit F-Head-Motor wurde 1953 lanciert.

Der DJ-3A Dispatcher mit 2WD, ein Liebling der US-Post.

dermodell mit serienmäßigem Nebenantrieb, der, wie die Bezeichnung deutlich machte, speziell auf die Landwirtschaft zielte. Der Erfolg beider Versionen war eher bescheiden, da im Laufe des Jahres nur drei Chassis und 62 Farm Jeeps gebaut wurden, bei einer Gesamtproduktion von 44 160 Fahrzeugen für den Zivilmarkt und 32 411 für das Militär.

1952 feierte man bei Willys den Bau des einmillionsten Jeep (inklusive Militärversionen). Trotz dieses Erfolges war es um die Firma Willys-Overland finanziell nicht gut bestellt. Sie wurde, wie alle unabhängigen Autohersteller in den USA, von der übermächtigen Konkurrenz von General Motors, Ford und Chrysler in die Enge getrieben, die durch ihre hohen Produktions- und Verkaufszahlen auch höhere Gewinnmargen pro Fahrzeug erwirtschafteten. Um im harten Wettbewerb gegen die Großen bestehen zu können, suchten die Unabhängigen ihr Heil in Fusionen. Im Falle von Willys kam die (zeitweilige) Rettung in Gestalt von Henry Kaiser. Kaiser war als Schiffbauer während des Zweiten Weltkrieges zu Geld gekommen und investierte nach dem Krieg in die Automobilindustrie, indem er mit Joseph Frazer die neue Marke Kaiser-Frazer gründete, die mit originellen und recht fortschrittlichen Fahrzeugen den US-Markt erobern wollte. Schon bald jedoch mußten sich die Konzernherren eingestehen, daß sie allein dem Druck der Detroiter Riesen nicht standhalten konnten und suchten nach geeigneten Partnern zwecks Vergrößerung des Unternehmens. Im April 1953 erwarb Kaiser den Jeep-Hersteller und benannte ihn in Willys Inc. um (später Kaiser-Jeep).

Keine Grenzen sind dem Einfallsreichtum der Filipinos gesetzt, wenn es um die Gestaltung ihrer „Jeepney"-Sammeltaxis geht.

Der CJ-2A sollte nach Firmenaussage eine 70%-Steigung überwinden, 550 kg Nutzlast tragen und eine Tonne ziehen können.

Im selben Jahr erhielt der Vierzylindermotor des Jeep, der immerhin von 1933 stammte, endlich einen modernen Ventiltrieb, als obenliegende hängende Einlaßventile die bis dahin verwendeten seitlichen ablösten. Die Motorleistung des ansonsten unveränderten 2,2-Liter stieg auf 72 PS. Die Modellbezeichnung für solcherart motorisierte

Der erste Zivil-Jeep, der CJ-2A, wurde im August 1945 vorgestellt, hier auf einem Werksfoto.

Jeeps änderte sich in CJ-3B. Der neue, höher bauende Motor machte es erforderlich, daß der CJ-3B mit einer höheren Motorhaube ausgestattet wurde. Damit wurde auf dem Kühlergesicht Platz geschaffen für einen „WILLYS"-Schriftzug, ein gutes Erkennungszeichen für den CJ-3B. Ebenfalls neu war das Armaturenbrett, das nun nur ein einziges rundes Kombi-Instrument anstatt der im 3A benutzen mehreren Anzeigen trug. Der prominenteste US-Autojournalist seiner Zeit, „Uncle Tom" McCahill, berühmt für seine von farbigen Metaphern strotzende Schreibe, nannte den CJ-3B, diesmal ganz ungewohnt prosaisch, „eines der großartigsten Fahrzeuge, die der Mensch je erdacht hat". Der CJ-3A wurde während des laufenden Modelljahres 1953 weiterhin parallel zum 3B gebaut, um danach eingestellt zu werden. Mit der Einführung des CJ-5 im November 1954 und des CJ-6 im Modelljahr 1956 verlagerte sich der Schwerpunkt der Jeep-Produktion und -Entwicklung auf das neue Fahrzeug. Der CJ-3B blieb auch weiterhin im Programm, allerdings ohne nennenswerte modellpflegerische Maßnahmen. Seine Popularität war immerhin noch so groß, daß Kaiser-Jeep ihn weitere neun Jahre unverändert produzierte. Mit Ende des Modelljahres 1965 verschwand der CJ-3B aus dem Programm, der letzte direkte Ableger des ursprünglichen Jeeps, heute ein begehrter Oldie.

1965: Der CJ-3B meldet sich ab

Im direkten Vergleich mit dem CJ-2A offenbart der MB praktisch keine äußeren Unterschiede.

Der

Wenn man heutige Jeep-Liebhaber nach ihrem bevorzugten Modell fragt, so werden die meisten den CJ-5 nennen. Im Bewußtsein vieler Menschen personifiziert er den Begriff „Geländewagen“ mehr als sogar der Ur-Jeep, dank seiner bulligen und dennoch gefälligen Form, die er stolz von den Fünfzigern bis in die achtziger Jahre hinein trug. Dieses Design, kombiniert mit gewachsenen Dimensionen und modernisierter Technik, erschloß dem CJ-5 Käuferkreise, die bis dahin einen Jeep nie ernsthaft in Betracht gezogen hatten. Mit 28 Jahren Bauzeit sollte sich der CJ-5 als der langlebigste unter den Jeeps erweisen.

Klassiker

CJ-5/5A 1955-83

Mit Dieselmotoren von Isuzu und Renault wollte man Anfang der 80er vor allem Europäer für den CJ gewinnen.

November 1954: Der CJ-5 kommt

Am 12. November 1954 wurde dem CJ-3B ein neues Modell zur Seite gestellt, der CJ-5. Wie zu erwarten war, basierte auch er auf einem Jeep-Militärfahrzeug, dem MD-MB38A1. Mit seiner bulligen, gegenüber dem 3B leicht abgerundeten Form bot er ein gewisses Maß an robuster Eleganz, die beim Publikum großen Anklang finden sollte. Der CJ-5 offerierte im Vergleich mit dem CJ-3B in jeder Hinsicht mehr Jeep: 3441 statt 3298 mm Länge, 1822 statt 1746 mm Breite, 1765 statt 1720 mm Höhe, 2057 statt 2033 mm Radstand. Auch das Leergewicht war größer, 982 gegenüber 968 kg. Der Grundpreis eines CJ-5 betrug bei seiner Einführung 1476 Dollar, der des 3B lag bei $ 1411. Der CJ-5 kam etwas ziviler daher als sein älterer Begleiter: weichere Sitze, ein beleuchtetes Instrumentenbrett, eine größere Windschutzscheibe. Was die mechanische Seite anbetraf, so verwendete der Neue die gleiche Antriebseinheit wie der auch weiterhin produzierte 3B.

Nach der erfolgreichen Einführung des CJ-5 sah man bei Kaiser-Jeep erst 1961 wieder Anlaß für modellpflegerische Maßnahmen: eine Luxusversion des CJ-5, genannt „Tuxedo Park", debütierte. Sie bescherte dem Jeep Spezialfelgen, Weißwandreifen, eine Abdeckung für das Reserverad sowie eine größere Auswahl an Lackierungen. Bedeutsamer allerdings war die Einführung eines optionalen Dieselmotors der englischen Firma Perkins im selben Jahr. Der 3,1-Liter-Vierzylinder leistete 62 PS, während der bekannte 2,2-Liter-Benziner 3 PS dazugewann und nun, statt 72, immerhin 75 PS produzierte. „Parade Blue Convertible Top and Accessory Kit" nannte sich ein $ 130,20 teures Extra, das 1962 die wesentliche Maßnahme in Sachen Modellpflege darstellte. Unter der hochklingenden Bezeichnung war eine neue Farbe namens Parade Blue zu verstehen, in der der CJ-5 geordert werden konnte. Der gleichnamige Kit versah das Jeep-Verdeck, die Persenning und die Reserveradabdeckung mit der gleichen Farbe. Alle Teile wurden außerdem mit dem neuen Scotchgard-Verfahren behandelt, das die Farbechtheit garantieren und vor Stockflecken schützen sollte. Die Option war vor allem für den Tuxedo Park gedacht, konnte aber auch für alle anderen CJ-5 bestellt werden.

Um den Tuxedo Park stärker zu fördern, wurde das Ausstattungspaket zum Modelljahr 1964 in den Rang eines eigenständigen Modells erhoben. Es erhielt die Bezeichnung CJ-5A. Zur optischen Abgrenzung vom regulären CJ-5 wurden Stoßstangen, Motorhaubenverriegelungen, Rückspiegel, Benzineinfüllstutzen und Heckleuchtenverkleidungen verchromt. Außerdem war der Fahrersitz nun voll verstellbar und obendrein stärker gepolstert als üblich. War der Tuxedo Park mit dem serienmäßigen Dreiganggetriebe ausgerüstet, fand sich der Schalthebel an der Lenksäule. Das im Modelljahr 1957 eingeführte aufpreispflichtige 4-Gang-Getriebe hingegen hatte eine Knüppelschaltung. Der Tuxedo Park konnte nicht mehr mit dem Perkins-Diesel ausgerüstet werden. Zum Modelljahr 1966 verordnete Kaiser-Jeep

Die beliebte „Renegade Package" trägt hier ein 82er CJ-5.

CJ at its best: Beim gefürchteten Rubicon Trail müssen Fahrer und Fahrzeug zeigen, was in ihnen steckt.

dem CJ-5 eine Leistungskur in Form eines 3,7-Liter-V6 von der Buick Division aus dem Hause General Motors. Der für die mittelgroßen GM-Pkw Buick Special und Oldsmobile F-85 entwickelte Benziner war damals der einzige V6, der in den USA hergestellt wurde. Mit seinen 155 SAE-PS machte er Jeep-Liebhabern kräftig Appetit auf mehr Power. Vierzylinder-Benziner und Perkins-Diesel blieben weiterhin im Angebot und konnten wahlweise mit 3- oder 4-Gang-Schaltgetriebe kombiniert werden. Den V6 gab es nur mit dem 3-Gang-Getriebe.

Ein Wohnaufleger, die sogenannte „Camper Option", konnte ab 1969 für jeden CJ-5 mit V6 bestellt werden. Vorgesehen für bis zu vier Personen, war dieser CJ serienmäßig mit einer Küche mit fließendem Wasser, Einbauschränken, Ofen und Herd ausgestattet; weitere Extras wie Kühlschrank, Toilette etc. gab es gegen Aufpreis. Eine limitierte Sonderversion des CJ-5, genannt „462", wartete mit Überrollbügel, abklappbarem Reserveradhalter, speziellen Reifen, Unterfahrschutz sowie Amperemeter und Öldruckmesser auf. Der Tuxedo Park verschwand dagegen aus dem Programm; die charakteristischen Chromstoßstangen und andere optische Merkmale des Edel-CJ konnten allerdings separat geordert werden.

Hier präsentiert sich ein 77er CJ-5 als Renegade mit optionalem Softtop.

Von Kaiser-Jeep zu American Motors

Die Beliebtheit solcher Verschönerungen nahm nicht ab. 1970 brachte das Ende der Kaiser-Ära. Als neuer Besitzer übernahm die American Motors Corporation alle Rechte am Jeep. Der Konzern hatte seine Anfänge in den 50er Jahren, als unter dem Druck Detroits ein Firmenkonglomerat entstand, dem die zur Zusammenarbeit genötigten Hersteller Nash, Rambler, Hudson und Studebaker-Packard angehört hatten. In den 60ern firmierte nur noch Rambler unter eigenem Namen, benutzte aber Technik und Patente der anderen Partner. 1966 wurde Rambler in AMC umbenannt, die Sammelbezeichnung für den bescheidenen Rest einer ganzen Reihe von einstmals bekannten und geschätzten US-Automobilproduzenten. Die Konzernleitung plante, GM, Ford und Chrysler auf allen Ebenen Konkurrenz zu machen und betrachtete Jeep als willkommene Abrundung ihres ansonsten umfassenden Fahrzeugangebots. Um möglichst rationell arbeiten zu können, beschloß das AMC-Management, die Militärfahrzeugproduktion aus dem Jeep-Lineup auszugliedern. Zu diesem Zweck wurde eine neue Unterabteilung im Konzern gegründet, die General Products Division, die von da an unter dem Namen AM General firmierte und heute, nach Auflösung von AMC, als Hersteller des seit dem Golfkrieg auch bei Zivil-Offroadern bekannten „Hummer" auftritt.

Nach diesem Exkurs zurück zur CJ-5-Historie: Die Modellpflege beschränkte sich 1970 lediglich auf den Wegfall des Perkins-Diesels, der in den leistungshungrigen sechziger Jahren mit den damals üblichen niedrigen Benzinpreisen kaum Zuspruch gefunden hatte. Mit dem 1971 vorgestellten Renegade II, einem Ausstattungspaket auf Basis des CJ-5, zeigte sich deutlich, daß sich der Jeep mehr und mehr von einem spartanischen Nutzfahrzeug wegentwickelt hatte und nun stattdessen auf ein freizeitorientiertes, jugendliches Publikum zielte. Auffällige Lackierungen, Breitreifen und verchromte Felgen sowie ein Überrollbügel machten das deutlich. Im Folgejahr verschwanden der alte Willys-Vierzylinder (der jedoch in Exportmodellen weiter eingebaut wurde) und der Buick-V6 und wurden durch AMC-Motoren ersetzt: ein 3,8-Liter-Reihensechszylinder mit 100 PS war nun Serienausstattung, ein anderer „Six"

Der Edel-Jeep: Ein 1961er CJ-5 mit „Tuxedo Park Package" und Blondine (Sonderausstattung).

Plastikabdeckungen zwischen Kotflügel und Stoßstange verraten den Export-CJ.

mit 4,2 Liter Hubraum und 110 PS stand ebenso zur Wahl wie erstmalig ein V8, ein Fünfliter-Triebwerk mit 150. Ebenfalls neu im Programm: eine Servolenkung von Saginaw (GM). Der Radstand des CJ-5 vergrößerte sich im selben Jahr auf nunmehr 2133 mm.

Der Kult-Jeep: CJ mit „304"-V8

Der Jeep war „hip", er passte in die Nach-68er-Zeit, in der die Menschen auf der Suche nach einer freieren, individuelleren Lebensweise waren. Allein der Name „Renegade", also volkstümlich ausgedrückt „Querkopf", sollte dieses Lebensgefühl zum Ausdruck bringen. Um die Beliebtheit dieses Ausstattungspakets zu steigern, wurde der Renegade weiter aufgewertet. Neben der individuellen Optik kamen 1972/73 wertvolle Ergänzungen hinzu: Trak-Loc-Sperrdifferential, 5,0-Liter-V8, verstärktes Kühlsystem, Unterfahrschutz für Benzintank und Getriebe und eine serienmäßige Rücksitzbank, die in den übrigen Jeeps noch immer extra bestellt und bezahlt werden mußte, Kostenpunkt: $ 92.

Passend zum Zeitgeist bot der CJ 1975 die Levi's Package, bei der das Interieur im Jeans-Stil gestaltet war. Das Paket war im Verkaufsschlager Renegade serienmäßig vorhanden. Jeep-Käufer konnten in diesem Jahr auch zum ersten Mal ein Radio schon ab Werk in ihr Fahrzeug einbauen lassen. Um dem CJ seine immer noch ausgezeichnete Geländetauglichkeit zu erhalten, wurden alle Modelle mit einem stärkeren Rahmen versehen. Außerdem erhielten alle CJs einen Zweiwege-Katalysator und mußten von da an mit bleifreiem Benzin gefahren werden.

Bereits im Jahr darauf jedoch wurde dem CJ eine gänzlich neue, noch verwindungsfestere Rahmenkonstruktion mit verstärkten Querstreben beschert, außerdem neue Stoßdämpfer und neue Achsaufhängungen (jetzt an Blattfedern mit vier Blättern). Ab 1977 gab es auf Wunsch vordere Scheibenbremsen mit oder ohne Bremskraftverstärker und – man glaubt es kaum – eine Klimaanlage. Mehr Pep, mehr Komfort, mehr Luxus – der Trend war klar. 1977 waren 25% aller CJs mit dem Renegade-Paket ausgestattet. Hinzu kam die „Golden Eagle Package", ähnlich dem Renegade-Paket, nur etwas plüschiger und teurer. Runde $ 1000 mußte der Interessent hinlegen, wenn er den goldenen Adler auf der Motorhaube haben wollte. Das Zeitalter forderte aber auch in anderer Hinsicht seinen Tribut vom Jeep. Dank verschärfter Abgasnormen sank 1979 die Leistung des V8 von 150 auf 130 PS, die des 4,2-Liter-Sechszylinders

blieb erhalten; der 3,8-Liter wurde ersatzlos gestrichen.
Veränderungen gab es auch 1980 zu vermelden: Ein 2,5-Liter-Vierzylinder wurde zum Basismotor aller CJs. Der 82-PS-Benziner stammte von der GM-Division Pontiac, wo er auf den Spitznamen „Iron Duke" hörte. Bei Jeep taufte man ihn optimistisch „Hurricane", genauso wie den letzten Vierzylinder aus Willys-Zeiten, der neun Jahre zuvor zum letzten Mal einen CJ angetrieben hatte. Alle Modelle wurden jetzt serienmäßig mit einem Viergang-Schaltgetriebe verbunden; das dreigängige Getriebe von Warner Gear entfiel. Ein neues gehobenes Ausstattungspaket, die Laredo Package, versah den CJ-5 unter anderem mit lederbezogenem Lenkrad, Teppichboden und einem wegklappbaren Träger für das Reserverad. Die Golden Eagle Package war in diesem Jahr zum letzten Mal zu haben.

Auch in der bescheidenen Basisversion macht der CJ-5 eine gute Figur.

Die Neuheit des Jahres 1982 war ein Fünfgang-Schaltgetriebe, das im CJ-5 allerdings nicht mit dem Sechszylinder kombiniert werden konnte. Damit blieb nur der Vierzylinder übrig, denn der Fünfliter-V8 wurde 1982 nicht mehr angeboten und konnte somit gerade einmal auf zehn kurze Dienstjahre im CJ zurückblicken. Der Nachfolger des CJ, der Wrangler, war zu jenem Zeitpunkt bereits in der Planung, die Entwicklungsarbeiten hatten begonnen. Kein Wunder also, daß die Modellpflege des CJ nur noch auf Sparflamme lief. Der CJ-5 wurde 1983 gegenüber dem CJ-7 aufgewertet, indem er serienmäßig mit dem Sechszylinder ausgestattet wurde, der seit dem vorigen Jahr 115 statt 110 PS leistete. Diese Aufwertung war gewissermaßen ein Abschiedsgeschenk für die Fans des CJ-5, denn Ende des Modelljahres 1983 wurde diese Jeep-Variante nach 28 Jahren eingestellt.

Die „Laredo Package" kam im Modelljahr 1980 heraus und bot unter anderem serienmäßige Leichtmetallfelgen mit Chromüberzug.

Bigger is

CJ-6/6A/7 1956-86

better

Der Mitte der fünfziger Jahre vorgestellte CJ-6 war gewissermaßen der große Bruder des CJ-5. Mit seinem längeren Radstand und dem damit verbundenen größeren Platzangebot zielte er auf all jene potentiellen Käufer, denen der CJ-5 zu klein war. Das neue Modell machte deutlich, daß ein Jeep keineswegs nur für Rancher, Cowboys und sonstige Landeier geeignet war, sondern auch ein durchaus familientaugliches Allzweckfahrzeug sein konnte. Die Akzeptanz, vor allem des 1976 präsentierten CJ-6-Nachfolgers CJ-7, beim Publikum gab den Jeep-Marktstrategen recht: In den Achtzigern sollten seine Verkaufszahlen die des CJ-5 übersteigen.

Die CJ-Familie beim Geländeausflug: Vorne (mit Hardtop) der CJ-7, erkennbar an seinen, gegenüber dem CJ-5 (rechts), breiteren Türen.

Das Jahr 1956 war es, in dem die Jeep-Palette um den CJ-6 erweitert wurde. Der Kniff bei der Schöpfung des neuen Modells war denkbar einfach: Es handelte sich im Grunde lediglich um einen CJ-5, dessen Chassis zwischen den Rädern um 20 Zoll, d.h. 50,8 cm verlängert worden war. Dank des auf 2568 mm gewachsenen Radstandes bot der CJ-6 bis zu sechs Personen Platz (falls die aufpreispflichtige hintere Sitzbank geordert wurde). Der einzige andere nennenswerte Unterschied zum CJ-5 waren die härteren Blattfedern an der Hinterachse des CJ-6, die sein höheres Gewicht kompensieren sollten. In jeder anderen Hinsicht war er ein Zwilling des kleineren CJ, teilte alle mechanischen Komponenten mit ihm, konnte mit den gleichen Extras ausgestattet werden und kam in den Genuß aller Veränderungen und Verbesserungen, wenngleich manchmal auch etwas zeitversetzt.

In diesem Zusammenhang muß die bereits im vorigen Kapitel erwähnte Semi-Luxus-Version Tuxedo Park erwähnt werden, die bei ihrer Einführung 1961 zunächst nur auf den CJ-5 beschränkt war. Erst 1964, als der Tuxedo Park in den Rang eines eigenständigen Modells erhoben wurde, erhielt auch der CJ-6 diesen Prestige-Ableger, der treffenderweise CJ-6A genannt wurde. Der Ausstattungsumfang war derselbe wie beim CJ-5. Blattfedern mit variablen Deflektionsraten sorgten beim Tuxedo Park für ein komfortableres Fahrgefühl, als es die CJs normalerweise boten. Da jedoch der CJ allgemein immer weiter aufgewertet wurde, machte es im Laufe der Jahre zunehmend weniger Sinn, Sondermodelle wie den Tuxedo Park beizubehalten. Aus diesem Grunde wurde der CJ-6A (wie auch der CJ-5A) zum Ende des Modelljahres 1968 eingestellt.

Die Übernahme Kaiser-Jeeps durch American Motors im Jahre 1970 brachte zwei Jahre später die bereits im CJ-5-Kapitel erwähnten Veränderungen des Motoren-

CJ-Instrumentenbrett mit Geschwindigkeitsmesser, sowie Anzeigen für Motortemperatur, Öldruck, Stromspannung und Tankfüllung.

Voll aufgemotzte CJs (hier ein CJ-7) mit Alufelgen, Breitreifen und verchromten Anbauteilen sind die Norm in der Jeep-Szene.

angebots, die eine Verlängerung des Radstandes auch beim CJ-6 notwendig machten, um die AMC-Aggregate im Jeep unterbringen zu können. 2641 mm betrug der Abstand zwischen den Rädern nun, genau 76,2 mm mehr als vorher. Auch die Länge des CJ-6 wuchs, von 3,95 auf 4,03 m. Eine größere Differenzierung war auch beim Fahrwerk zu vermerken: Der CJ-6 wurde nun an der Vorderachse von härteren Blattfedern getragen, die neun Federblätter (statt sieben wie beim CJ-5) aufwiesen und eine höhere Tragkraft hatten. An der Hinterachse dagegen unterschieden sich CJ-5 und CJ-6 jetzt nicht mehr. Der CJ-6 stand zugegebenermaßen im Schatten des kleineren und beliebteren CJ-5, der großzügig mit Sondermodellen wie dem Renegade bedacht wurde, während der CJ-6 nicht in den Genuß einer solchen modellpolitischen Aufwertung kam. Ob sich der große CJ dadurch besser verkauft hätte, bleibt dahingestellt, denn 1976 wurde er durch den CJ-7 ersetzt.

Der CJ-6 weicht dem CJ-7

Das neue Modell folgte der Vorgabe, ein größerer CJ-5 zu sein, allerdings nicht ganz so sehr wie sein Vorgänger. Die Jeep-Konstrukteure hielten einen zehn Zoll längeren Radstand (254 mm) gegenüber dem CJ-5 für ausreichend und tatsächlich gelang es ihnen, durch eine Neuanordnung der Sitze das Platzangebot im Innenraum zu erhalten. Breitere Türöffnungen sorgten für bequemeren Ein- und Ausstieg aus dem jetzt offiziell als Viersitzer bezeichneten, 3,75 m langen CJ-7. Um den eigenständigen Charakter des Neuen zu betonen, konnte er auf Wunsch mit einem abnehmbaren Kunststoff-Hardtop versehen werden, das über verschließbare Stahltüren mit Kurbelfenstern verfügte. Wurde diese Option geordert, erhielt der CJ-7 Blattfedern mit fünf Federblättern statt vieren, wie es bei CJ-5 und CJ-7 seit Beginn des Modelljahres üblich war. Von besonderer technischer Bedeutung war die Einführung eines Automatikgetriebes beim CJ. Es handelte sich um die bekannte Turbo-Hydra-Matic von General Motors, die gegen Aufpreis ausschließlich im CJ-7 eingebaut werden konnte. Wer die Automatik wollte, mußte sie mit dem permanenten Quadra-Trac-Allradantrieb von AMC, ebenfalls eine Neuheit im CJ, kombinieren. Quadra-Trac

Belastbar und nützlich: Das Bild vom Freund des Holzfällers paßt zum Image des CJ-7.

Geradezu voluminös präsentiert sich der Laderaum des CJ-6 mit längs angeordneten Sitzbänken für sechs Personen.

Städtische Treppenstufen sind kein Hindernis für den CJ-7.

ersetzte in solchen Fällen den zuschaltbaren Allradantrieb mit einem Dana-20-Verteilergetriebe. Die Renegade Package, vormals dem CJ-5 vorbehalten, gab es nun auch für den CJ-7. Kernstück des Pakets blieb weiterhin der Fünfliter-V8 von AMC mit 150 PS.
Vordere Scheibenbremsen mit oder ohne Bremskraftverstärker und eine Klimaanlage ergänzten 1977 die Aufpreisliste des CJ. Die Nordamerikaner honorierten AMCs Bemühen, den Jeep immer weiter zu verfeinern: 1977 wurden in den USA und Kanada 117077 Jeeps aller Modelle verkauft, ein weiterer Rekord nach dem erfolgreichen Jahr 1976, als 95718 Jeeps an den Mann bzw. die Frau gebracht worden waren. Es paßte zu dieser Entwicklung, daß 1977 ein Viertel aller CJs mit dem Renegade-Paket ausgerüstet worden waren. In dieselbe Kerbe schlug die ebenfalls 1977 vorgestellte „Golden Eagle Package", die etwa $ 1000 kostete und durch den oft imitierten goldenen Adler auf der Motorhaube gekennzeichnet wurde. Breitreifen, Leichtmetallfelgen, spezielle Lackierung und Innenausstattung gehörten natürlich auch zu einer solchen „Appearance Package", die in ihrem Einführungsjahr ausschließlich für CJs mit Softtop zu haben war und bis in das Modelljahr 1980 angeboten wurde.

Mit dem CJ-7 kommt der Angler auch zu den abgelegensten Fischgründen.

Beim Trial im Gelände steht der CJ-7 dem kürzeren CJ-5 in nichts nach.

Die technische Veränderung des Jahres 1980, soweit sie den CJ-7 betrifft, war folgende: Wer, wie so viele CJ-7-Kunden, auf automatische Schaltvorgänge stand, der erhielt ab sofort nicht mehr das Turbo-Hydra-Matic-Getriebe von GM, sondern Chryslers TorqueFlite, allerdings ohne den Quadra-Trac-Allradantrieb. Automatik-CJs verwendeten von nun an das gleiche zuschaltbare 4WD-System mit Dana-300-Verteilergetriebe wie die handgeschalteten Jeeps. Die Automatik war zunächst nicht mit dem in diesem Jahr als Basismotor eingeführten 2,5-Liter-Vierzylinder kombinierbar, erst 1981 wurde diese Verbindung möglich (siehe S. 35).

Immer mehr Sondermodelle

1982 gab das neue Ausstattungspaket „Limited" seinen Einstand, mit $ 2895 das teuerste für den CJ-7. Neben den üblichen Sonderlackierungen und Rad-/Reifen-Kombinationen konnte der Limited serienmäßig mit Servolenkung und Bremskraftverstärker aufwarten, außerdem mit einem farblich auf die Wagenlackierung abgestimmten Hardtop und einer Klimaanlage. Ledersitze waren optional. Ein weiteres Sondermodell auf Basis des CJ-7, der „Jamboree", wurde

Der CJ-6 konnte es in puncto Beliebtheit nie mit dem CJ-5 aufnehmen.

Die „Golden Eagle Package" wurde im Januar 1977 vorgestellt und war nur für CJ-5s und CJ-7s mit Softtop erhältlich.

Ende des V8-Gastspiels

anläßlich des 30. Jahrestages der „Jeepers Jamboree", des größten Jeep-Treffens der Welt, das alljährlich in Utah stattfindet, herausgebracht. Die Auflage war auf 2500 Exemplare beschränkt und enthielt unter anderem ein 5-Gang-Schaltgetriebe, wie es auch in den anderen Jeeps, einschließlich des Scrambler-Pickups, angeboten wurde. Servolenkung, Bremskraftverstärker mit vorderen Scheibenbremsen sowie jede Menge „Heavy Duty"-Extras für das Fahrwerk und den serienmäßigen Sechszylinder rundeten das Paket ab. Das Ausscheiden des Fünfliter-V8 aus dem Programm in diesem Jahr bedauerten CJ-5 und CJ-7-Fans gleichermaßen.

Eine Pickup-Variante des CJ-6, hier mit festem Dach.

Werden die optionalen Sitzbänke des CJ-6 hochgeklappt, entsteht eine Ladefläche von immerhin 1,4 Quadratmetern.

Vier Jahre blieben dem CJ noch, bevor er dem moderneren Wrangler weichen mußte. In einer ungewöhnlichen Aktion machte Jeep den 4,2-Liter-Sechszylinder zum Serienmotor im CJ-5, der damit das teurere der beiden Modelle wurde, weil der

Zweimal Renegade: Vorne als CJ-7 mit Hardtop, hinten als offener CJ-5.

größere CJ wie bisher den Pontiac-Vierzylinder als Standard-Kraftquelle nutzte. Der „258", so der Hubraum des Sechsyzlinders in Kubikzoll, war gegen Aufpreis natürlich auch für den CJ-7 zu haben, der sich nach Einstellung des CJ-5 ab 1984 allein auf weiter Flur fand. Er wurde ab sofort serienmäßig durch einen AMC-Vierzylinder angetrieben, der wie sein GM-Vorgänger 2,5 Liter Hubraum hatte, aber 105 statt 82 PS leistete. Die Kraftübertragung besorgte ein Viergang-Schaltgetriebe. Auf der Aufpreisliste des CJ-7 fanden sich der Sechszylinder, ein Fünfgang-Schaltgetriebe und die TorqueFlite-Automatik, die nicht mehr mit dem Vierzylinder zusammen bestellt werden konnte. Außerdem ging der CJ der Limited Package verlustig, während das Renegade- und das 1980 eingeführte Laredo-Paket (s. CJ-5) erhalten blieben. Nach einem weitgehend ereignislosen Jahr 1985 trat der CJ unverändert in sein letztes Modelljahr ein, das obendrein ein verkürztes war, weil es bereits im Mai endete und nicht, wie üblich, im August. Nostalgie gehört eigentlich nicht in die nüchterne Geschäftswelt der Automobilindustrie, über auslaufende Modelle werden daher normalerweise nicht viele Worte verloren; nur das neue Modell zählt. Dennoch erwies AMC-Vizepräsident Joseph Cappy dem CJ seinen Tribut, indem er dessen Auslaufen mit den Worten kommentierte: „Die Einstellung der CJ-Produktion signalisiert das Ende einer sehr bedeutenden Ära in der Geschichte des Jeep."

CJ-Fahrer kommen auch im Winter pünktlich zur Arbeit.

Die Une

CJ-8/10 1981-85

wünschten

ie unermüdlichen Bemühungen der Firma Jeep, die Attraktivität ihres erfolgreichsten odells zu erhöhen, führte 1981 zur Einführung eines Pickups auf CJ-Basis. Der CJ-8, genannt crambler (= der Kletterer), und sein größeres Pendant, der CJ-10, sollten an den Pickup-Boom nknüpfen, der in den Achtzigern die USA erfaßte. Die Rechnung ging nicht auf. Trotz ihrer eachtlichen technischen Vorzüge und des CJ-Pedigrees blieben die Jeep-Trucks bei den reaks ohne durchschlagenden Erfolg; die Produktion wurde nach wenigen Jahren eingestellt.

Als Arbeitsgerät für den Rancher wollte AMC seinen CJ-Ableger, den Scrambler, an den Mann bringen. Der Erfolg blieb aus.

Im September 1979 gab das Management der American Motors Corporation seine Zustimmung zur Entwicklung eines Pickups. Durch die Verwendung der im CJ-5 bzw. CJ-7 bewährten Technik konnten die Entwicklungskosten niedrig gehalten werden. Im Grunde unterschied sich der neue Jeep mit dem Modellcode CJ-8 vor allem durch seinen längeren Radstand von den bekannten Ausführungen. 103,4 Zoll respektive 2626 mm hatte der „Scrambler" genannte Truck hier zu bieten, womit er den CJ-7 um 254 und den CJ-5 um 508 mm übertraf. Dieses Stretching war leicht zu bewältigen, indem man einfach die Längsträger des Chassis zwischen den Rädern streckte. Zusammen mit einer Verlängerung des hinteren Karosserieüberhangs konnte der gewonnene Platz in eine fünf Fuß (1524 mm) lange Ladefläche umgesetzt werden, die im Gegensatz zu den anderen CJs nicht zu den Vordersitzen hin offen war. Von den veränderten Abmessungen (Gesamtlänge 4221 mm) abgesehen, war der Scrambler ansonsten das Ebenbild der kleineren CJs, optisch und technisch. Im Januar 1981 begann die Produktion des neuen Modells, die ersten Fahrzeuge erreichten am 25. März 1981 die Showrooms der AMC/ Jeep-Händler. Der Neue wurde in drei Ausführungen angeboten: als Basismodell mit Softtop und herausnehmbaren Plastiktüren für $ 7288, der einzige Roadster-Pickup seiner Zeit in den USA; als Softtop mit Stahltüren, Kostenpunkt $ 7588; oder mit abnehmbarem Kunststoff-Hardtop und Stahltüren zum Preis von $ 7922. Bei allen Modellen konnte die Frontscheibe nach vorne weggeklappt werden. Den Antrieb besorgte serienmäßig der aus den anderen CJs bekannte 2,5-Liter-Reihenvierzylinder mit 82 PS, gekoppelt mit einem Viergang-Schaltgetriebe. Der Allradantrieb wurde über ein Dana-300-Verteilergetriebe mit zwei Gängen manuell zu- oder abgeschaltet. Gleichfalls zur Serienausstattung gehörten Intervallscheibenwischer und zwei Außenspiegel.

Scrambler

Wer mehr Jeep wollte, der konnte aus einer langen Aufpreisliste wählen. Zum Beispiel stand als Alternative zum Vierzylinder der allgegenwärtige „258", ein 4,2-Liter-Reihensechszylinder von AMC mit 110 PS zur Verfügung, während schaltfaule Scrambler-Fahrer ein Dreigang-Automatikgetriebe ordern konnten. Wer sich optisch vom Rest der Welt abzuheben suchte, der griff zu einer der beiden optionalen Appearance Packages, genannt SR Sport bzw. SL Sport. Bestandteile dieser Ausstattungspakete waren neben den üblichen Zierstreifen, Schriftzügen und Sonderlackierungen beispielsweise breitere Felgen mit oder ohne Verchromung, breitere Reifen, Chromschmuck an Stoßstangen, Außenspiegeln und Kühler-

Der CJ-8 Pickup konnte auch mit voller Softtop-Bedachung bestellt werden.

Auch als geschlossener Lieferwagen fand der CJ-8, hier ein 83er, nur wenig Zuspruch, trotz 2,7 Kubikmeter Ladefläche.

grill, oder auch spezielle Bezugsstoffe für das Sitzmobiliar. Eher utilitaristisch war dagegen ein Extra, bei dem der Reservereifen an der Hecklappe nach außen geschwenkt werden konnte, um einen Lasttransport mit offener Klappe zu erleichtern. In dieselbe Kategorie fielen natürlich auch so nützliche Dinge wie Servolenkung, Bremskraftverstärker, höhenverstellbares Lenkrad, Sperrdifferential oder ein Extra-Duty-Fahrwerkspaket für anspruchsvollere Nutzer des CJ-8.

Der neue Sprößling der Jeep-Familie wurde mit gedämpftem Enthusiasmus beim Publikum aufgenommen: Insgesamt liefen 7840 Fahrzeuge vom Band. Nicht schlecht, wenn man bedenkt, daß der CJ-8 nur ein halbes erstes Modelljahr zur Verfügung hatte. (Modell- und Kalenderjahre sind nicht identisch, denn die Modelljahre der amerikanischen Automobilhersteller beginnen in der Regel im August/September des Vorjahres; in diesem Fall begann das Modelljahr 1981 im September 1980). Was die Jeep-Oberen nicht wissen konnten: Der Erfolg des ersten Jahres sollte sich nicht mehr wiederholen, geschweige denn übertroffen werden. Der 82er Scrambler, der sich vor allem durch ein neues, optionales Fünfgang-Schaltgetriebe von seinem Vorgänger unterschied, konnte für ein volles Modelljahr nur 7138 produzierte Einheiten für sich verbuchen.
Um vor allem nutzorientierten Kunden einen größeren Kaufanreiz zu geben, wurde die Modellpalette der Utility-Jeeps erweitert. Zum Modelljahr 1983 debütierte der CJ-8 in geschlossener Form, als Station Wagon mit hin-

Dank seiner robusten Jeep-Technik konnte der Scrambler natürlich auch auf der Alm problemlos seine Arbeit verrichten.

Der Scrambler als offener Pickup mit Renegade Package (links) und mit dem optionalen Volldach mit Kunststofftüren (rechts).

CJ-8/Scrambler und CJ-10: Trotz Vielseitigkeit und erprobter Jeep-Technik kein Erfolg

teren Seitenfenstern und als Van, sprich als Kastenwagen. Beide Modelle hatten einen festen Stahlaufbau und konnten dank klappbarer Sitzbänke, die in Längsrichtung im Fond eingebaut waren, bis zu sechs Passagiere mitnehmen. Das Ladevolumen von 2,7 Kubikmetern wurde in der Jeep-Werbung besonders hervorgehoben, ebenso wie die verbesserte Rostvorsorge dank beidseitig spritzverzinkter Bleche, vor allem im unteren Karosseriebereich. Obwohl Ableger des Pickups, konnten Wagon und Van wenigstens mechanisch mit einer Eigentümlichkeit aufwarten: einem 2,4-Liter-Vierzylinder-Dieselmotor von dem japanischen Hersteller Isuzu (einer GM-Partnergesellschaft), der gegen Aufpreis erhältlich war.

Als ob das nicht genug wäre, brachte Jeep während des gleichen Modelljahrs auch noch den CJ-10 heraus, gewissermaßen eine vergrößerte Version des Scrambler-Pickups. Mit seinem Radstand von 3,04 m, seiner breiteren Spur (1,54 m vorn/1,48 m hinten anstatt 1,42/1,40 m) und einer Gesamtlänge von 4,85 kam der CJ-10 wesentlich mächtiger daher als der CJ-8. Die für alle anderen CJs so charakteristischen Rundscheinwerfer direkt neben dem Kühlergrill wurden beim CJ-10 durch rechteckige Leuchten in den Vorderkotflügeln ersetzt. Den CJ-10 gab es als Chassis/Cab ohne Ladefläche zwecks Nachrüstung mit Sonderaufbauten, als Roadster-Pickup, und als geschlossenen Pickup mit abnehmbarem Fiberglas-Hardtop oder mit festem Stahldach und -türen. Neben den vom CJ-8 bekannten technischen Möglichkeiten konnten CJ-10-Käufer ihren Pickup gleichfalls mit einem nur hier erhältlichen Dieselmotor ausrüsten, einem 3,3-Liter-Sechszylinder.

Auch Enthusiasten nur wenig bekannt ist der 1983-85er CJ-10, ein Heavy-Duty-Pickup auf CJ-Basis.

Der normale Scrambler hingegen kam auch 1983 ohne nennenswerte Veränderungen auf den Markt, wenn man von der erfreulichen Tatsache absieht, daß der Basispreis des Grundmodells während des Modelljahres von 7563 auf 6765 Dollar gesenkt wurde, um den Einstieg in die Jeep-Pickups zu erleichtern. Einen Nutzen hatte diese Maßnahme nicht, denn die Produktionszahl aller CJ-8-Varianten sank auf 4678 Einheiten ab. Eine modellpflegerische Maßnahme von Bedeutung stand für das folgende Modelljahr an, als der bis dahin verwendete Vierzylinder-Benziner, ein Produkt der General-Motors-Division Pontiac, durch einen Vierzylinder von American Motors ersetzt wurde. Der neue Motor hatte praktisch den gleichen Hubraum von 2,5 Liter, leistete aber 86 statt 82 PS. Um den Fun-Faktor des Scrambler zu erhöhen, konnte der smarte Jeep-Pickup in diesem Jahr auch mit der sogenannten „Soft Ride Package" versehen werden, die den CJ-8 attraktiver machen sollte für jene Großstadtcowboys, die ihre Gefährte lieber auf dem Rodeo Drive in Beverly Hills als in den Rockies ausfahren. Da jene Zielgruppe aber nicht von ihren Porsches lassen wollte, ging dieser Plan nicht auf. Gerade 2826mal wurde der Scrambler 1984 verkauft.

Die Berglandschaft des amerikanischen Westens wurde gern als Werbehintergrund für den CJ-8 benutzt.

Da das Ende abzusehen war, beschränkte sich die Modellpflege für 1985 auf das Kosmetische. Die bisherigen Ausstattungspakete SR Sport und SL Sport wurden durch die von CJ-5 und CJ-7 bekannten Begriffe Renegade und Laredo ersetzt, was eigentlich nur eine Änderung der Schriftzüge bewirkte. Den Verkäufen half auch das nicht. Sie waren so niedrig, daß AMC sie nicht bekanntgab. Die Produktion wurde bis Ende des Modelljahres noch aufrechterhalten, wohl mehr aus Trotz denn um auch noch die letzten Käufer zu befriedigen. Mit der Produktionseinstellung des Scrambler kam auch das Ende für den CJ-8 Wagon, den Van und den CJ-10, die ihre technische Basis verloren hatten.

Der Scrambler reihte sich in die Kollektion von Jeep-Pickups ein, denen ein anhaltender Erfolg am Markt versagt geblieben war, seien es die frühen Modelle von 1947-65 (siehe nächstes Kapitel), die Gladiator-Trucks (auf Basis des Jeep Wagoneer) von 1963-87 oder die Comanches (abgeleitet vom Jeep Cherokee) von 1986-92. Sie alle konnten sich nicht gegen die fest etablierte Konkurrenz von Chevrolet/GMC, Ford und Dodge durchsetzen, trotz ihrer unbestrittenen jeep-typischen Qualitäten. Auch hier zeigte sich wieder einmal deutlich, daß ein relativ kleiner Konzern wie American Motors nicht mit den „Großen Drei" General Motors, Ford und Chrysler auf allen Ebenen konkurrieren konnte, weil ihm der finanzielle Rückhalt fehlte.

Trotz seiner Vielseitigkeit wurde der CJ-8 von anderen US-Pickups von Chevy, Ford und Dodge ausgestochen.

4-Wheel Drive
GOODYEAR

Sonderfälle

Trucks, Wagons und Jeepster 1947-73

In einem Jeep-Buch diesen Ausmaßes sollten auch die Modelle erwähnt werden, denen neben den Verkaufsschlagern der CJ-Serie mehr oder weniger bloß ein Nischendasein vergönnt war. Die Rede ist von Trucks und Station Wagons auf Jeep-Basis, die ungefähr 20 Jahre lang das Angebot des Herstellers abrundeten. Auch nicht fehlen darf natürlich der Jeepster, ein eigenwilliges, mit dem CJ eng verwandtes Multitalent, wie es wohl nur die Firma Jeep bauen konnte.

Der 4-75 Pickup mit F-Head-Vierzylinder (hier mit 4WD) wurde von 1952 bis 1965 gebaut.

Im Juli 1946 startete Willys einen zweitürigen Station Wagon, dessen Formen, speziell die Front, deutliche optische Anleihen beim CJ machten. Der mit einer Gesamtlänge von 4,47 m recht kompakt geratene zweitürige Kombi bot Platz für vier Personen und hatte ein maximales Ladevolumen von 3169 Litern. Die Heckklappe war horizontal geteilt, d.h. der obere Teil mit einem Doppelfenster wurde nach oben, der untere Teil (die eigentliche Heckklappe) nach unten geklappt und bildete eine durchgehende Fläche mit dem Boden des Laderaumes. Die Ganzstahlkarosserie wurde zunächst nur in burgunderrot angeboten, die Flanken und das Heck wurden allerdings an verschiedenen Stellen hellbraun bzw. cremefarben lackiert und erweckten so den Eindruck, als seien sie mit Holz verkleidet.

Jeep-Kombi und -Truck: Kinder der Vierziger

Der auf edel getrimmte Jeep Station Wagon war in technischer Hinsicht ein vergrößerter CJ. Beide verwendeten den gleichen stabilen Kastenrahmen, das gleiche Fahrwerk und die gleiche Antriebseinheit. Wie der CJ hatte auch der Wagon eine vordere und eine hintere Starrachse, aufgehängt an Blattfedern; Trommelbremsen an beiden Achsen sorgten für die Verzögerung. Anders als der CJ hatte der Wagon allerdings ein Zweikreis-Bremssystem, sehr fortschrittlich für den US-Automobilbau dieser Epoche. Motor und Getriebe des Wagon waren wiederum mit denen des CJ identisch: zum Einsatz kam der „L-Head" 2,2-Liter-Reihenvierzylinder mit 60 PS, verbunden mit einem Dreigang-Schaltgetriebe. Zunächst gab es den werksintern mit dem Code 2 x 463 versehenen Jeep-Kombi nur mit Heckantrieb zum Preis von $ 1895.

Im Mai 1947 lancierte Willys-Overland eine neue Pickup-Modellreihe (2WD und 4WD), die optisch und technisch mit dem Station Wagon verschwistert war. Lediglich die Zahl der Federblätter an den Achsen, die Federkennung und die Tragekapazität der Achsen war der höheren Belastung des Pickups angepaßt, der für eine Zuladung von einer US-Tonne (= 907 kg) zugelassen war. Der Last-Jeep wurde als rollendes Chassis (ohne Aufbauten), als Chassis/Cab (mit Fahrerkabine, aber ohne Ladefläche), als regulärer Pickup und als Stake Truck (Ladefläche mit Holzvergatterung) angeboten. Zusätzliche Variationen dieser vier Ausführungen, etwa mit abnehmbarem Stahldach für den Laderaum oder einem Planenverdeck steigerten die Zahl der Truck-Versionen auf insgesamt zwölf. Allen gemeinsam war der Radstand von 2997 mm und die Außenlänge von 4,66 m. Die Grundpreise lagen zwischen $ 1175 für das Chassis und $ 1685 für den Stake.

Der schnörkellose Truck folgte wie der Wagon der Willys-Firmenpolitik, ein solides Produkt mit gleichbleibender Qualität über einen langen Zeitraum hinweg anzubieten und dabei auf die „geplante Veraltung" des Fahrzeuges zu verzichten. Veränderun-

Der zum Modelljahr 1967 vorgestellte Jeepster/Commando, hier als Sta

gen sollten nur dann vorgenommen werden, wenn sie notwendig und richtig waren, nicht um ihrer selbst willen, wie normalerweise in der amerikanischen Autoindustrie üblich. Diese an der Funktionalität des Produktes orientierte Denkweise sollte aber, wie die Zukunft zeigen würde, vom amerikanischen Autokäufer nicht honoriert werden.

Zunächst jedoch sah es gut aus für Willys-Overland. In den ersten neun Monaten des Jahres 1947 konnte die Firma einen Reingewinn von $ 2.329.900 verzeichnen, nach damaligen Maßstäben für einen vergleichsweise kleinen Hersteller ein ordentliches Sümmchen. Das Management sah sich durch den finanziellen Erfolg in seinen Ansichten bestätigt und betrieb eine behutsame Modellpflege. 1947 gesellte sich ein geschlossener Lieferwagen, genannt Sedan Delivery, zum Kombi. Nach einem ereignislosen Jahr 1948 wurde für 1949 eine Allrad-Version des Kombis lanciert, die sich nur durch ihr Verteilergetriebe, Typ Spicer 18 (wie beim Truck), vom 2WD-Wagon unterschied. Bei den Pickups war vor allem die Verlagerung des Schalthebels von der Lenksäule auf den Fahrzeugboden zu vermerken, eine Maßnahme, die während des laufenden Modelljahres durchgeführt wurde, wie so oft bei Willys.

Ein solcher „mid-year change“ fand auch 1950 statt. Dabei sorgte ein dezenter Facelift des Kühlergrills, der nun stärker V-förmig nach außen gewölbt war, für ein modernisiertes Erscheinungsbild bei Truck und Wagon. Wichtiger war jedoch eine technische Verbesserung des Vierzylindermotors, der eine neue, F-Head genannte Ventilanordnung erhielt, bei der die Einlaßventile nicht mehr wie bisher beim L-Head seitlich, sondern oben lagen. Die Auslaßventile hingegen behielten ihre seitliche Position.

Jeep-Trucks: Design-Dauerbrenner

Durch diese Veränderung wurde der Gaswechsel des Motors verbessert, außerdem wurde eine höhere Verdichtung und damit eine höhere Leistungsausbeute möglich. In der Tat leistete der F-Head-Motor 72 statt 60 PS wie sein Vorgänger. Auch das Drehmoment stieg von 143 auf 154 Nm. Trucks und Wagons trugen von da an den Modellcode 473.

Während die Trucks bis 1954 unverändert blieben, erhielt der Wagon 1952 eine besser ausgestattete Deluxe-Version mit dem Code 475, die im Folgejahr den regulären Kombi 473 ersetzte. Ebenfalls 1953 gab es erstmalig auch eine Allradversion des 1947 eingeführten Sedan Delivery. 1954 brachte für Trucks und Wagons eine willkommene PS-Spritze in Form eines L-Head-Reihensechszylinders, dem Willys den optimistisch stimmenden Namen „Super Hurricane“ gab. Der 115 PS leistende 3,7-Liter-Motor stammte von Kaiser-Frazer, dem Automobilhersteller, der im April 1953 Willys-Overland aufgekauft hatte. Der Vierzylinder blieb auch weiterhin im Angebot.

Ein abgespeckter, „Utility Wagon“ genannter Kombi kam im Modelljahr 1955 hinzu. Die Bezeichnung wurde ab 1957 auf alle Jeep-Wagons übertragen. Im selben Jahr erhielten die Trucks ein nützliches neues Extra, den Hydrovac-Bremskraftverstärker, der für $ 53,34 zu haben war. Auch weiterhin hielten sich modellpflegerische Aktionen in engen Grenzen. Erst 1960 vollzogen Wagons und Trucks den Schritt zur einteiligen Windschutzscheibe, was bei den Konkurrenzprodukten und beim CJ-3A schon Jahre zuvor geschehen war. Die letzte nennenswerte Zäsur in der Modellgeschichte der Trucks und Wagons ereignete sich 1962, als ein völlig neuer Motor, der „Tornado“-Sechszylinder mit obenliegender Nockenwelle, im Utility Wagon zusätzlich zu den beiden anderen Aggregaten angeboten wurde. Der 3,8-Liter-Reihenmotor leistete 140 PS und

…on, zielte auf den stetig wachsenden Sport/Utility-Markt in Nordamerika.

war eine eigenständige Willys-Entwicklung, die im folgenden Jahr auch in den Jeep-Pickups, dem neuen Kaiser Wagoneer und den dazugehörigen Gladiator-Pickups Einzug hielt. Im gleichen Zug fiel der Vierzylinder bei den Trucks weg. Der alte L-Head-Sechszylinder blieb bei den Trucks und Wagons noch bis einschließlich 1964 im Angebot.

Von den Zu- bzw. Abgängen im Motorenangebot abgesehen, bestritten die Jeep-Pickups und die Utility Wagons ihre letzten Baujahre im unveränderten 1950er Design, gemäß der Firmenphilosophie. Das Resultat waren stetig sinkende Verkaufszahlen. Das US-Publikum bevorzugte eindeutig die modischeren Fahrzeuge von Chevrolet, Ford und Dodge, die obendrein mit V8-Motoren, Automatikgetrieben und anderen Komfortextras aufwarten konnten. Der Zeitgeist war gegen die technisch ausgereiften, leistungsfähigen Jeeps, und so wurde die Produktion beider Modellreihen am Ende des Baujahres 1965 eingestellt in der Hoffnung, daß dem Full-Size Geländekombi Wagoneer und den ihm verwandten Gladiator-Pickups (siehe dazu „Das große Jeep Cherokee Buch“ aus der OFF-ROAD-Sachbuchreihe) mehr Erfolg beschieden sein würde.

Schon zwei Jahre nach dem Ende der Truck-Produktion machte Kaiser-Jeep einen neuen Versuch, abseits des CJ einen Hit zu landen. Den Durchbruch sollte ein wiederum auf dem zeitgenössischen CJ basierender offener Roadster bringen, der auf den Namen Jeepster getauft wurde. Interessanterweise hatte es schon einmal einen Jeepster gegeben, gleichfalls ein Roadster. Er war vom Jeep Station Wagon abgeleitet und wurde von 1948-51 gebaut, ohne großen Anklang zu finden. Mit dem Jeepster der zweiten Generation sollte 1967 ein weiterer Versuch gemacht werden, die Herzen vor allem junger Käufer zu gewinnen. Neben dem Jeepster Sports wurde das gleiche Modell auch unter dem Namen Commando angeboten, obendrein gab es noch ein Commando-Cabrio, einen Commando-Station Wagon mit festem Dach und einen Commando-Pickup.

Der Edel-Kombi „Maverick“, ein Sondermodell, sollte das karge Nutzfahrzeug-Image des Jeep abmildern.

Sie alle zeigten deutlich ihre Verwandschaft mit dem CJ, verwendeten aber dennoch einen guten Teil eigenständiger Karosserieteile. So war zum Beispiel die Jeepster-Motorhaube trotz der optischen Ähnlichkeit breiter als die des CJ. Technisch kam der Jeepster wie der CJ-5 bzw.

Der Jeep-Truck der ersten Serie (1947-50), erkennbar am flachen Kühlergrill ohne Querstreben.

Der 4-73 Station Wagon mit nachgeahmten Holzflanken wurde sowohl mit Heck- als auch mit Allradantrieb angeboten und bis 1952 gebaut.

CJ-6 daher, was nicht weiter überraschte. Rahmen, Fahrwerk, tragende Karosseriestruktur - alles praktisch gleich. Der Radstand von 2565 mm entsprach dem des CJ-6, die Länge des Jeepster/Commando lag bei 4,27 m (CJ-6: 3,96 m). Auch die Antriebsmechanik wurde von den CJs übernommen: der Serienmotor war nach wie vor der 2,2-Liter-Vierzylinder mit jetzt 75 PS, der bereits seit 1937 gebaut und 1950 zum F-Head aufgerüstet wurde (s.o.). Die meisten Jeepster-Käufer gaben jedoch dem einzigen optionalen Motor den Vorzug, einem V6 mit 3,7 Liter Hubraum und 160 SAE-PS, den Kaiser-Jeep zunächst von der GM-Division Buick bezog. Später kaufte Kaiser die Patente an diesem Aggregat und produzierte es in Eigenregie.

Da der Jeepster eine andere Zielgruppe ansprechen sollte, wurde er mit etlichen Extras angeboten, die man beim CJ vergeblich suchte, z.B. Automatikgetriebe (THM-400 von General Motors, nur für den V6; ersetzte das reguläre Dreigang-Schaltgetriebe), Klimaanlage und sogar ein elektrisch betätigtes Verdeck für Roadster und Cabrio. Unüblich bei einem Allradler. So ausgerüstet, blieben Jeepster und Commando zunächst unverändert im Angebot. Ab 1970 konnte jedes V6-Modell zusätzlich mit Servolenkung geordert werden.

Das Jahr 1972 brachte einen wichtigen Einschnitt: Die American Motors Corporation erwarb Kaiser-Jeep; Jeep wurde eine AMC-Division. Dieser Wachwechsel hatte auch technische Veränderungen bei allen Jeep-Modellen zur Folge. Beim Jeepster wurden sowohl der alte F-Head als auch der V6 abgeschafft und durch AMC-Motoren ersetzt. Basisaggregat war nun ein 3,8-Liter-Reihensechszylinder mit 100 PS, ergänzt durch einen 4,2-Liter-Reihensechszylinder mit 110 und einen Fünfliter-V8 mit 150 PS. Das Getriebe-Lineup wurde durch ein Viergang-Schaltgetriebe aufgewertet, das nur mit einem der beiden Sechszylinder kombiniert werden konnte. Das Dreiganggetriebe wurde weiterhin serienmäßig in allen Modellen eingebaut, die GM-Automatik gab's gegen Aufpreis in Verbindung mit dem großen Sechszylinder oder dem V8.

Um die neuen Motoren in den jetzt nur noch Commando genannten Wagen einbauen zu können, wurde das Chassis um 7,5 cm gestreckt, die Außenlänge wuchs auf 4,43 m.

Die Frontgestaltung des Commando wurde beträchtlich geändert: der nun einfachere, flache Kühlergrill in Rechteckform erinnerte an den Chevrolet Blazer. Jegliche Ähnlichkeit mit dem CJ war verschwunden. Das Cabriolet entfiel ab 1972. In dieser Konfiguration durchlief der Commando auch sein letztes Modelljahr, 1973. Es war ihm nicht vergönnt, neben dem Chevrolet Blazer und dem Ford Bronco zu bestehen. Wie sein Vorgänger, der 1948-51er Jeepster, mußte der Commando wegen mangelnden Käuferinteresses eingestellt werden.

Eine Werbeanzeige für den Jeep Wagon, die im Oktober/November 1948 in den USA lanciert wurde.

Der Zeitgenos

Wrangler 1987-97

se

Als der Wrangler zum Modelljahr 1987 den CJ ablöste, wurde er von eingefleischten Jeepern mit Skepsis oder gar Ablehnung empfangen. Diese Reserviertheit hat sich mittlerweile gelegt; der Wrangler ist einer der erfolgreichsten Jeeps aller Zeiten. Schneller, moderner und komfortabler denn je, hat er sich dennoch alle klassischen Eigenschaften bewahrt, die einen Jeep ausmachen: Geländegängigkeit, Robustheit und Vielseitigkeit. Ein echter Erfolgstyp eben.

Drei Generationen Jeep sind auf diesem Bild vereint, vom MB im Hintergrund über den CJ in der Mitte und allen voran der jüngste Sproß, der Wrangler.

Wir haben volles Vertrauen in die Geländetauglichkeit des Wrangler, aber die Faktoren, die dieses Fahrzeug besonders einzigartig machen, sind die geschmeidigen Fahreigenschaften für den Alltagsbetrieb." Sätze wie dieser, geäußert im Frühjahr 1986 von Francois A. Castaing, einem der zuständigen Vizepräsidenten von American Motors, brachten den harten Kern der Jeep-Fans in Rage. Daß ausgerechnet an den Urvater aller modernen Geländewagen plötzlich Maßstäbe wie Fahrkomfort und andere On-Road-Qualitäten angelegt wurden, wollte ihnen nicht in den Sinn. Ihr Idol, der rauhbeinige CJ, sollte auf einmal zum alten Eisen gehören?

Vor allem die rechteckigen Scheinwerfer stießen die harten Jeep-Fans am 1987 vorgestellten Wrangler ab.

Natürlich stand hinter der Einführung des Wrangler nüchternes Kalkül. Kein Automobilhersteller ist so dumm, ein erfolgreiches Modell aus dem Programm zu nehmen, wenn er es nicht durch ein vielversprechenderes neues Fahrzeug ersetzen kann. Der Entscheidung des AMC-Managements zugunsten des Wrangler gingen jahrelange Marktbeobachtungen und eine gründliche Erforschung der Käuferzielgruppen voraus. Schon die Entwicklung des CJ hatte gezeigt, daß die puristischen Offroader unter den Jeep-Käufern mehr und mehr zur Minderheit geworden waren. Stattdessen war eine Generation herangewachsen, die andere Prioritäten setzte. „Unsere Marktforschung zeigte uns, daß die Käufer in den letzten Jahren diese Art von Fahrzeug verstärkt als persönliches Transportmittel und für Freizeitaktivitäten nutzten.", erklärte Francois Castaing dazu, „Daraus zogen wir den Schluß, daß sie (die Kunden) bei zukünftigen Kaufent-

Der Wrangler: Ein geländetauglicher Straßenwagen

scheidungen auf Alltagskomfort und all die dazugehörigen Eigenschaften achten würden, die Fahrzeuge wie der CJ-7 nicht bieten konnten."

Die Entwicklungsarbeiten am Wrangler begannen 1981 mit dem erklärten Ziel, einen Geländewagen zu konstruieren, der gleichermaßen straßen- und geländetauglich sein sollte. Gegen Ende 1983 standen die ersten 12 Prototypen zum Testen der mechanischen Komponenten zur Verfügung, die De-

Die Sonderausführungen Wrangler Sahara (links) und Texan (rechts).

signprototypen folgten im Frühjahr 1984. Nach fünfjähriger Entwicklungsarbeit und fast einer Million Testkilometer war es schließlich soweit: Am 13. Mai 1986 kam der Jeep Wrangler, der in Kanada YJ hieß, auf den Markt. Die CJ-Produktion hatte bereits im Januar desselben Jahres geendet.

Äußerlich interpretierte der Wrangler das klassische Design der verschiedenen CJs, allerdings in einer kantigeren Art und Weise, wie die Rechteckscheinwerfer bekundeten. Im technischen Bereich bediente er sich großzügig bei dem 1984 vorgestellten, kompakten Jeep Cherokee (s. OFF-ROAD-Sachbuch zu diesem Thema). Vorder- und Hinterachse (starr, mit Blattfedern), Lenkung, Bremsen (vorne Scheiben, hinten Trommeln), Schaltgetriebe, Kupplung, Verteilergetriebe, Räder und Reifen wurden vom Cherokee übernommen. Mit der Beibehaltung der klassischen Fahrwerksanordnung machte AMC deutlich, daß der Wrangler die Jeep-typische Geländetauglichkeit keineswegs eingebüßt hatte. Um den Beweis dafür anzutreten, schickte man den Wrangler auf den Rubicon Trail, einen Off-Road-Kurs in Nordkalifornien, der wegen seiner außergewöhnlich schwierigen Strecken einen geradezu legendären Ruf unter den 4WD-Fans auf der ganzen Welt genießt. Der neue Jeep bestand diese angemessene Bewährungsprobe mit Bravour und strafte all jene Lügen, die im Wrangler lediglich ein Spaßmobil für Möchtegerncowboys und Weicheier sahen.

Offroader für den Alltag

Die Karosserie des Wrangler ruhte auf einem stabilen Gitterrohrahmen und fiel mit 3889 mm Länge nur unwesentlich kürzer aus als die des CJ-7, der Radstand blieb mit 2373 mm sogar gleich. Besonderen Wert legte man auf die Rostvorsorge: alle äußeren Karosseriebleche waren beidseitig spritzverzinkt. Die Karosserie war offen und wurde serienmäßig mit Softtop angeboten, ein Hardtop konnte auf Wunsch ab Werk aufgebaut werden. Die Softtop-Ausführung hatte feste, halbhohe Türen. Zwei Motoren standen zur Wahl: ein 2,5-Liter-Vierzylinder mit 117 PS und ein 4,2-Liter-Reihensechszylinder mit 112 PS. Die gleichen Aggregate hatte auch der CJ verwendet, allerdings gewann der Vierzylinder im Wrangler dank Benzineinspritzung immerhin zwölf Pferdestärken dazu, während im CJ noch ein Einfachvergaser gewirkt hatte. Um die Kraft auf die Straße zu übertragen, standen zwei Fünfgang-Schaltgetriebe und ein Chrysler-Automatikgetriebe, Typ TorqueFlite 999 mit drei Gängen,

Das preiswerteste Wrangler-Modell des Jahres 1991, der S, war zum Einstandspreis von $ 9910 zu erwerben.

Das mit Frontschutzbügel und anderen Extras ausgestattete 92er Sondermodell „Broadway" von Chrysler Deutschland.

zur Verfügung. Das New-Process-207-Verteilergetriebe erlaubte erstmals, während der Fahrt den Allradantrieb zu- oder abzuschalten.

Ein Wrangler für jedermann: Ausstattungsvarianten sorgen für Vielfalt

Die Jeep-Werbung betonte die Überlegenheit des Wrangler gegenüber Konkurrenten wie dem Ford Bronco II, dem Mitsubishi Montero oder dem Isuzu Trooper. Größere Motorenauswahl, bessere Beschleunigungswerte (0-100 km/h: 14 s für den Vier-, 12 für den Sechszylinder), während der Fahrt schaltbarer Allradantrieb und die Wahl zwischen Soft- oder Hardtop wurden als Belege dafür herangezogen. Neben der attraktiven Serienausstattung, zu der ein Fünfganggetriebe, Bremskraftverstärker, 215/75 R15-Reifen, Schalensitze, umlegbare Rücksitzbank, gepolsterter Überrollbügel und getönte Scheiben gehörten, gab es als Ausstattungspaket die Sport Decor Group mit den beliebten Sonderlackierungen und Schriftzügen sowie All Terrain-Gürtelreifen und einem Radio. Exklusiv für das Hardtop stand die Laredo Package zur Verfügung mit Chromstoßstangen, -kühlergrill, und -lampeneinfassungen, außerdem Aluminiumfelgen, ein Radio und spezielle Farben, Muster und Bezugsstoffe für die Innenausstattung. Klimaanlage, Sperrdifferential, höhenverstellbares Lenkrad, Automatikgetriebe (nur für Sechszylinder), Servolenkung, Tempomat, Fahrwerksoptionen und vieles mehr fand sich auf der Aufpreisliste.

Ein Planenverdeck im Hardtop des Wrangler „Broadway" sorgt für Freiluftvergnügen.

Für Kunden, denen der Grundpreis des Wrangler mit $ 9899 zu hoch war, wurde am 8. Mai 1987 ein abgespecktes Einsteigermodell vorgestellt: der Wrangler S, zu haben für $ 8396. Während der S das Wrangler-Angebot nach unten erweiterte, tat der Sahara das gleiche nach oben, jedoch unterhalb des Spitzenmodells Laredo. Dieses Modell war erstmals auf dem Genfer Autosalon im März 1987 der Öffentlichkeit gezeigt worden und glänzte mit hochwertigen Bezugsstoffen, umfassender Serienausstattung und ganz in Khaki gehaltener Farbgebung innen und außen, passend zum Namen. Das Publikum griff zunächst zurückhaltend nach dem Wrangler: 30663 Verkäufe wurden im Kalenderjahr 1987 verzeichnet, doch in den Folgejahren sollte sich die Verkaufsbilanz ständig verbessern. Bereits im Modelljahr 1989 wurden z.B. 51788 Wrangler verkauft.

Das Jahr 1987 brachte die Übernahme und endgültige Auflösung des AMC-Konzerns durch die Chrysler Corporation. Der aberwitzige Versuch des AMC-Managements ab 1966, den Großen Drei Detroits in allen Marktbereichen Konkurrenz zu machen, ohne daß dafür die notwendige Finanzdecke zur Verfügung stand, war bereits in den siebziger Jahren gescheitert. Die Konsequenz war eine ständige Verkleinerung des Modellangebots: Full-Size Cars wie der Ambassador, Intermediates wie der Matador, Muscle Cars wie Javelin und AMX und schließlich auch die für AMC so typischen Kompaktwagen Hornet,

Gremlin und Pacer mußten wegen mangelnder Profitabilität bei zu niedrigen Verkaufszahlen eingestellt werden. Zuletzt war nur noch ein Kernbereich übriggeblieben, in dem die Allradfahrzeuge dominierten, vor allem das Jeep-Lineup und der AMC Eagle. Der Aufkauf der Aktienmehrheit durch Renault 1982 brachte keine Wen-

Anders als in den USA werden von Chrysler Deutschland meist vollausgestattete Wrangler angeboten.

de. Die umfrisierten Modelle des französischen Herstellers, die in den USA angeboten wurden, kamen nicht recht an, während sich die AMC-Fahrzeuge in Europa nur schleppend verkauften, nicht zuletzt dank unzureichender Verkaufsförderung und mangelhaftem Service durch Renault. Trotz der Beliebtheit der Jeeps auf dem US-Markt verlor das Unternehmen insgesamt laufend Geld. Erst im letzten Quartal des Jahres 1983 konnte AMC nach 14 Jahren Verlustwirtschaft erstmals einen bescheidenen Gewinn von 7,4 Millionen Dollar vermelden.

Doch das war zuwenig und kam zu spät. Die letzte Rettung war schließlich Chrysler, ein nach erfolgreich überstandener Durststrecke wieder putzmunterer Konzern, der vor allem an den erfolgreichen und prestigeträchtigen Jeep-Modellen interessiert war. Im Gegensatz zum AMC-Management hatte sich die Entwicklungsabteilung bei Jeep als äußerst kompetent erwiesen, also bestand für Chrysler kein Anlaß, an den Produkten etwas zu ändern. Ob AMC oder Chrysler-Jeep, der Wrangler war in jedem Fall ein Gewinner.

Nach der Kraftanstrengung bei der Entwicklung des Wrangler war es kein Wunder, daß die Modellpflege in den folgenden Jahren eher zurückhaltend war. Die vorgenommenen Veränderungen konnte man eher als kosmetisch bezeichnen, etwa die Einführung neuer

Die Übernahme von AMC durch Chrysler rettet den Jeep

Lackfarben 1988 oder eine neue Ausstattungsreihe, der Islander, der 1989 debütierte und mit $ 11721 Grundpreis zwischen den billigeren Modellen S ($ 8995), Base ($ 11022) und den teureren Ausführungen Sahara ($ 12835) und dem Laredo-Hardtop ($ 14367) angesiedelt war.

Erst das Modelljahr 1991 brachte mit der Überarbeitung des Motorenangebots eine signifikante Wende. Die wichtigste Nachricht in diesem Jahr war das Ausscheiden des in Ehren ergrauten 4,2-Liter-Sechszylinders, der seit 1972 in Jeep-Produkten seinen Dienst versehen hatte. Der robuste, aber nie besonders kraftvolle Motor wurde durch ein moderneres 4,0-Liter-Aggregat ersetzt, das

Das Softtop steht bei deutschen Wrangler-Käufern hinter dem Hardtop zurück.

Ein Export-Wrangler, Modelljahr '95, mit vollem Zubehör vor südländischer Kulisse.

auf Basis des 2,5-Liter-Vierzylinders für den Jeep Cherokee/Wagoneer der zweiten Generation entwickelt worden war und dort seit 1987 wirkte. Der neue Sechszylinder bescherte dem Wrangler satte 180 PS, nicht zuletzt dank seiner Mehrpunkt-Benzineinspritzung. In deren Genuß kam nun auch der Vierzylinder, der jetzt 123 PS leistete. Alle Funktionen der Motoren wurden zentral von einem Computer gesteuert.

Der zuschaltbare Allradantrieb war ab sofort das Command-Trac-System mit New-Process-231-Verteilergetriebe. Ansonsten war das Erscheinen einer neuen Ausstattungsreihe zu vermelden, die das bisherige Spitzenmodell Laredo ersetzte und einen altbekannten Namen trug: Renegade. Neben zahlreichen Komfortextras umfaßte das Paket auch speziell für den Wrangler entwickelte Goodyear-All-Terrain-Reifen der Größe 29 x 9.6 R15 LT OWL. Die ebenfalls zum Paket gehörenden Gasdruckstoßdämpfer betonten den Off-Road-Charakter des Renegade, der natürlich an den üblichen Schriftzügen, Streifen und Sonderlackierungen zu erkennen war. Aus einem unerfindlichen Grund wurde für 1991 der Tempomat von der Aufpreisliste des Wrangler gestrichen. Interessant noch das Ergebnis einer Marktanalyse, die 1991 zu dem Ergebnis kam, daß der typische Wrangler-Käufer (zumindest

Die Design-Studie zeigt den 97er Wrangler mit den erneut eingeführten runden Scheinwerfern.

in Nordamerika) durchschnittlich 29 Jahre alt, männlichen Geschlechts und alleinstehend sei und ein jährliches Durchschnittseinkommen von $ 34 000 habe.

Die Exportversion des 97er Wrangler mit den charakteristischen Plastikabdeckungen zwischen den Kotflügeln und der Stoßstange.

Nach den Verbesserungen des Jahres 1991 blieb es eher ruhig um den Wrangler, wenn man von den unvermeidlichen Kleinigkeiten absieht, die in jedem neuen Modelljahr anstehen, wie etwa neue Farben oder kleinere Veränderungen in der Serienausstattung. Wichtig war sicherlich die Einführung eines serienmäßigen, auf alle vier Räder wirkenden ABS für Sechszylinder-Modelle im Jahre 1993. Im selben Jahr wurde die etwas unübersichtliche Modellvielfalt reduziert: es gab nur noch die Modelle S, SE und Sahara. Ab 1994 war auch der Vierzylinder mit einer Dreigang-Getriebeautomatik zu haben, ein Tribut an die Schaltfaulheit der Amerikaner. Dank der Modellpflege verkaufte sich der Wrangler weiterhin sehr erfolgreich, zunehmend auch außerhalb Nordamerikas, etwa in Deutschland, wo der interessierte Kunde seinen Wrangler ohne Umstände ganz offiziell beim Chrysler/Jeep-Händler bestellen konnte. Chrysler verschaffte mit seiner Exportoffensive auch den Jeeps den Erfolg, der ihnen unter AMC/Renault-Ägide versagt geblieben war.

The legend lives on:

Im 97er Jeep Wrangler

Modellpflege allein ist jedoch nicht genug, um die Kundschaft bei der Stange zu halten. Deswegen ließ es sich Chrysler/Jeep ab 1993 immerhin 260 Millionen Dollar kosten, den Wrangler für das Modelljahr 1997 vollständig zu überarbeiten. Die Vorgaben hatten sich gegenüber dem Vorgänger nicht geändert: ein akzeptables Straßenfahrzeug und gleichzeitig ein außergewöhnliches Geländefahrzeug sollte der neue Wrangler werden. Dazu dient vor allem die sogenannte „Quadra Coil Suspension", Chrysler-Lingo für Schraubenfedern an allen vier Rädern, ein System, das sich bereits im Jeep Grand Cherokee bewährt hatte. Außerdem wurden Rahmen und Karosserie verstärkt, um noch höhere Verwindungssteifigkeit zu erreichen. Höhere Funktionalität und besseren Komfort verspricht auch ein komplett neu gestaltetes Interieur, das mehr Platz, größere Bedienungsfreundlichkeit und ein übersichtliches Armaturenbrett bieten soll. Der 97er Wrangler wird in den Ausstattungsreihen SE, Sport und Sahara angeboten.

Der auffälligste äußere Unterschied am neuen Wrangler ist die Front, die mit ihren Rundscheinwerfern wieder mehr an den CJ erinnert. Ein Grund für diesen nostalgischen Look war laut einem der Wrangler-Designer, daß T-Shirts auf dem Markt aufgetaucht sein sollen, die die Aufschrift „Real Jeeps don't have square headlamps" trugen. Alle wesentlichen mechanischen Spezifikationen an Motor, Getriebe, Antrieb, Radstand, Spur etc. hingegen sind überwiegend gleich geblieben. Eine detailliertere Beschreibung des Wrangler und seiner Vorgänger findet sich im folgenden Kapitel, das sich mit der Jeep-Technik beschäftigt.

Wie bisher ist auch der neue Wrangler wahlweise mit Soft- oder Hardtop zu haben.

Einblicke
Jeeps im Detail

Zur Beliebtheit des Jeeps in aller Welt trägt nicht zuletzt seine markante Technik bei, die ihn für Stadt und Land, Straße und Gelände empfiehlt. Um dem selbstbewußten Anspruch der universellen Einsetzbarkeit gerecht zu werden, wurden und werden die diversen Jeep-Modelle kontinuierlich den wachsenden Anforderungen eines immer vielschichtigeren Publikums angepaßt. Neben den üblichen Off-Road-Eigenschaften, die heute wie vor 50 Jahren gefragt sind, müssen sich die amerikanischen Allrad-Klassiker seit längerem auch zunehmend an den Ansprüchen von Stadtbewohnern messen lassen, die von ihrem Fahrzeug Komfort und Ausstattungsluxus erwarten. Wie die Jeeps diesen Spagat technisch bewältigen, soll das folgende Kapitel aufzeigen.

GOODYEAR
WRANGLER

Bewußt einfach ist das Instrumentenbrett des 72er CJ gestaltet, hier mit kombiniertem Kilometer-/Meilentacho.

Karosserie

Im Bewußtsein der meisten Menschen ist der Jeep ein offener Zwei- oder Viersitzer ohne Türen, dessen Windschutzscheibe heruntergeklappt werden kann. Sicherlich gibt es diese Art Jeep auch heute noch, aber die Bandbreite des Karosserieangebots im Laufe der Jahrzehnte war denn doch etwas vielfältiger. Da der Willys MA/MB des Zweiten Weltkrieges neben seiner Ur-Form noch mit zahlreichen anderen militärischen Sonderkarosserien auftrat, beginnen wir unsere Betrachtung aus Gründen der Überschaubarkeit mit dem ersten Zivil-Jeep, dem auf dem MB basierenden CJ-2A, dessen Produktion am 17. Juli 1945 begann.

Der Ableger des Army-Jeeps kam zu Beginn seiner Bauzeit ebenso einfach daher wie sein militärisches Gegenstück. Die bekannte schmucklose Ganzstahl-Karosserie glich der des MB, mit 3305 mm Länge fiel der CJ-2A allerdings etwas kürzer aus, weil das Reserverad nicht mehr am Heck des Wagens, sondern am hinteren Kotflügel auf der Fahrerseite angebracht war. Die Wagenbreite betrug 1498, die Höhe 1752 mm. Wer gerne im Trockenen sitzen wollte, der konnte gegen Aufpreis Softtops ordern, separat für Vorder- und Rücksitze. Die Rücksitzbank mußte ebenfalls extra bestellt werden. Der Schalthebel des manuellen Dreiganggetriebes war zunächst an der Lenksäule angebracht, wurde aber Anfang des Kalenderjahres 1946 in die übliche Position am Wagenboden verlegt. Die zweigeteilte Windschutzscheibe war nach vorne klappbar und verfügte nur auf der Fahrerseite über einen unterdruckbetriebenen Scheibenwischer, dessen Motor am oberen Scheibenwischerrand angebracht war. Das einfache Instrumentenbrett verfügte über Geschwindigkeitsmesser, Kilometer- bzw. Meilenzähler sowie Anzeigen für Öldruck, Batteriefunktion und Kühlwassertemperatur. In dieser Konfiguration blieb der CJ-2A bis zur Einstellung der Produktion im Jahre 1949 erhalten.

Gegen Ende des Kalenderjahres 1948 wurde der CJ-3A vorgestellt, der sich in folgenden Punkten vom CJ-2A unterschied: die Länge betrug 3295 mm, die Breite 1745 mm, die Höhe 1695 mm. Außerdem hatte der CJ-3A eine ungeteilte Windschutzscheibe, wenngleich Exportmodelle auch mit geteilter Scheibe zu haben waren. Scheibenwischer fanden sich auf beiden Seiten des Wagens und waren konventionell unterhalb der Frontscheibe montiert. Das Instrumentenbrett konnte jetzt erleuchtet werden und eine Tankanzeige kam hinzu. 1951 wurde dem Lineup eine Chassis-Version hinzugefügt, bei der der Karosserieaufbau gänzlich fehlte, um Sonderaufbauten zu ermöglichen. Aufgrund mangelnder Verkäufe wurde dieses Modell nach 1952 eingestellt. Der CJ-3B, der im Modelljahr 1953 das Angebot ergänzte, glich dem CJ-3A weitestgehend, hatte allerdings eine höhere Motorhaube, unter der sich der höher bauende F-Head-Vierzylinder fand. Am Armaturenbrett befand sich jetzt ein einziges rundes Kombi-Instrument mit den bekannten Anzeigen anstatt der bisher verwendeten separaten Einheiten. Erstmals wurden auch feste Hardtops aus Metall (gegen Aufpreis) angeboten, entweder nur für die Vordersitze oder für den ganzen Fahrgastraum. Der CJ-3A wurde 1954 eingestellt, während der CJ-3B bis zum Ende seiner Bauzeit im Jahre 1965 die genannten Spezifikationen behielt.

Der CJ-5 wurde im November 1954 vorgestellt. Seine rundlichen, bulligen Formen entsprachen denen des Military-Modells MD-MB38A1 und trugen größere Außenabmessungen zur Schau: Länge 3441 mm, Breite 1822 mm, Höhe 1765 mm. Neben der offenkundig neuen Karosserie gab es noch weitere Unterschiede zum CJ-3B, namentlich eine Windschutzscheibe mit größerer Glasfläche (einteilig für Nordamerika, geteilt für den Export und das Militär), ein neugestaltetes Instrumentenbrett und weichere Sitze. Eine neue Rücksitzbank, die bis zu vier Personen Platz bot und ein verbessertes „All Weather"-Softtop ergänzten die Aufpreisliste. Der 1956 eingeführte CJ-6 war eine verlängerte Ausführung des CJ-5, in allem identisch außer in der Länge (3949 mm) und der Höhe des Aufbaus (1733 mm).

Das Längenwachstum der CJ-Familie

Die im Zusammenhang dieses Kapitels relevanten Änderungen hielten sich in den folgenden Modelljahren in bescheidenen Grenzen und bestanden im wesentlichen in Verfeinerungen etwa der Sitzoptionen (z.B. vordere Sitzbänke, geteilt und ungeteilt oder Schalensitze), der Verbesserung der Instrumentierung oder der Einführung eines Überrollbügels im Jahre 1972. Durch eine Verlängerung des Radstandes wuchsen im selben Jahr auch die Karosserielängen der beiden CJ-Modelle, die des CJ-5 auf 3524 mm, die des CJ-6 auf 4032 mm. 1976 wurde der CJ-6 durch den CJ-7 ersetzt, der mit 3752 mm Länge beträchtlich kürzer ausfiel als sein Vorgänger, ansonsten aber das bekannte Konzept eines großen Bruders des CJ-5 weiterführte. Der CJ-7 konnte auf Wunsch mit einem einteiligen Kunststoff-Hardtop mit festen, verschließbaren Metalltüren und Kurbelfenstern bestellt werden. Die bekannten Softtops mit Plastikfenstern und- türen blieben natürlich weiterhin verfügbar und das Hardtop fand sich später auch auf der CJ-5-

In seiner einfachsten Form, ohne Türen und Dach, aber mit Rücksitzbank, zeigt sich dieser CJ-5.

Trotz äußerer Unterschiede verwendet der frühe Wrangler manche Karosserieteile des CJ.

Aufpreisliste. Ansonsten änderte sich in den Folgejahren wenig. 1984 fiel der CJ-5 weg, der CJ-7 wuchs auf 3891 mm Länge, die er bis zu seinem Ende im Modelljahr 1986 behielt.

Sein Nachfolger, der Wrangler, kam im Frühjahr 1986 als vorzeitiges 87er Modell heraus. Die runden Formen des CJ waren einem eckigeren Design (mit ebenso eckigen Scheinwerfern) gewichen, aber trotz des unterschiedlichen Aussehens waren die Abmessungen fast genau die gleichen wie beim CJ-7: Länge 3860 mm, Breite 1676 mm, Höhe (offen) 1742 mm, mit Softtop 1828 mm. Das war auch nicht weiter verwunderlich, denn Wrangler

und CJ verwendeten weitgehend die gleiche Karosserie, zumindest von der Spritzwand an rückwärts. Ausnahmen waren die Türen (der Wrangler hatte, anders als der CJ, grundsätzlich halbhohe, feste Türen) und die Ladeklappe am Heck. Die Schnauze des Wrangler hingegen, Haube, Kotflügel und Kühlergrill, war komplett neu gestaltet. Außerdem gab es serienmäßig Kotflügelverbreiterungen aus Kunststoff an den Radausschnitten. Alle äußeren Karosseriebleche waren spritzverzinkt, um dem vom CJ her berüchtigten Rostfraß entgegenzuwirken.

Auch im Inneren wurde der direkte Nachfolger des Willys-Jeep modernisiert.

Das Reserverad des Wrangler findet sich grundsätzlich am Heck, allerdings nicht immer so schön verpackt.

Die Anordnung der Instrumente war verändert: Geschwindigkeitsmesser mit Kilometer- und Meilenanzeige sowie Wegstreckenzähler rechts, Tachometer links der Lenksäule; Kilometer- bzw. Meilenzähler, Anzeiger für Kühlwassertemperatur, Öldruck, Benzinstand und Stromspannung sowie eine Zeituhr waren über die Breite des Brettes auf der Fahrerseite verteilt. Wurde das aufpreispflichtige Automatikgetriebe geordert, war der Wählhebel nun rechts an der Lenksäule angebracht, nicht mehr am Wagenboden wie beim CJ. Scheibenwischer, Fernlicht und der optionale Tempomat wurden durch einen Kombischalter links an der Lenksäule aktiviert. Das Platzangebot des Wrangler auf den Vordersitzen drückte sich in Zahlen (laut Werksangaben) wie folgt aus: Beinfreiheit 1003 mm; Kopffreiheit 1051 mm (Softtop), 1021 mm (Hardtop); Schulterfreiheit 1348 mm.

Dank seiner seitlich angeschlagenen Hecktür und der nach oben öffnenden Klappe ist der Wrangler leicht zu beladen.

Vom 96er zum 97er Wrangler: Detailverbesserungen sorgen für eine angemessene Modernisierung

Nach zehn Jahren praktisch unveränderter Spezifkationen wurde der Wrangler zum Modelljahr 1997 gründlich umgestaltet. Auffälligster Unterschied ist die Rückkehr zu runden Scheinwerfern, die dem neuen Wrangler einen CJ-ähnlichen Look verpassen. Der 97er mißt 3856 mm Länge über alles, die Breite beträgt 1693 mm, die Höhe liegt 1732 mm ohne Verdeck, 1783 mm mit geschlossenem Verdeck und 1750 mm mit Hardtop. Die meisten Bleche der inneren Karosseriestruktur wurden erneuert, trotz der auffälligen äußerlichen Ähnlichkeit zum 96er Modell. Sowohl das Hard- als auch das Softtop wurden neuentwickelt, um bessere Verschlußdichte und einfachere Handhabung zu gewährleisten. Das Hardtop wiegt außerdem etwa 7 kg weniger als das des 96er Wrangler und ist somit, falls gewünscht, leichter zu entfernen.

Der Laderaum im Hardtop bietet minimal 309 Liter, maximal 1515 Liter Fassungsvermögen; für die Softtop-Ausführung liegen die Werte bei 320 bzw. 1577 Liter. Platzgewinne sind im Fahrgastraum zu verzeichnen: Kopffreiheit vorne/hinten 1038 mm (Softtop 1075 mm)/1001 mm (Softtop 1031 mm); Beinfreiheit vorne/hinten 1044/886 mm; Schulterfreiheit vorne/hinten 1319/1455 mm. Eine Neuheit bei der Gestaltung des Innenraums ist die Verlagerung des Automatikgetriebehebels an den Wagenboden. Die Hebel für das serienmäßige Schaltgetriebe und das Verteilergetriebe sind, wie schon beim CJ, immer am Boden montiert. Die Anzeigen am Instrumentenbrett sind die gleichen wie beim 96er Wrangler, sechs Analoginstrumente zusammengefaßt in

Die Rücksitzbank des 89er Wrangler ist leicht zugänglich, bietet aber nicht allzuviel Platz. Der neueste Jeep ist da großzügiger.

einem abgedeckten Modul. Zu den weiteren Anzeigen am Instrumentenbrett gehören z.B. Blinkersignale, Fernlicht, 4WD und verschiedene Warnleuchten, falls Fehlfunktionen auftreten sollten.

Die Technik der Jeep-Außenseiter: Trucks, Wagons, Jeepster und CJ-8

In einer Technik-Besprechung dürfen natürlich auch die in diesem Buch erwähnten Jeep-Exoten nicht fehlen. Beginnen wir mit den Jeep-Pickups der Jahre 1947-65. Äußerlich an den CJ angelehnt, wurden diese frühen Trucks in vier Modellen angeboten: als rollendes Chassis, als Chassis mit Führerhaus, als regulärer Pickup und als Stake Truck mit planer Ladefläche und Holzgatter. Durch verschiedene werksseitige Spezialaufbauten wie Planenverdecke oder abnehmbare Stahlgehäuse für die Ladefläche kamen noch 12 weitere Karosserieversionen dazu. Ausgelegt für eine Ladekapazität von einer US-Tonne (907 kg), maßen die Trucks 4667 mm Länge über alles, die Breite betrug 1692 mm beim Pickup und 1858 mm beim Stake Truck mit seiner breiten, über die Karosserieränder hinausragenden Ladefläche. Die Windschutzscheibe war geteilt, die Dreicksfenster der Türen anfangs starr; im Verlauf des Modelljahres 1947 wurde die Produktion auf bewegliche Fenster umgestellt. Im Inneren bot eine geteilte Sitzbank bis zu drei Personen Platz. Das Instrumentenbrett hatte einen Geschwindigkeitsmesser (bis 80 Meilen pro Stunde kalibriert), flankiert von Benzinanzeige und Amperemeter auf der linken und Öldruck- und Motortemperaturanzeige auf der rechten Seite. Das Dreigang-Schaltgetriebe wurde durch einen Hebel an der Lenksäule kontrolliert.

1948 entfielen die „rolling chassis“-Modelle; 1949 wanderte der Getriebeschalthebel in die Wagenmitte, der Allradantrieb wurde per Hebel am Instrumentenbrett geschaltet. Ein Facelift im Modelljahr 1950 sorgte für einen neuen, V-förmigen Kühlergrill mit fünf Quer- und neun Längsstreben. 1954 wurde die Zahl der Querstreben auf drei reduziert; 1960 erhielt auch der Truck eine ungeteilte Windschutzscheibe. Mit diesen wenigen Karosserieveränderungen begnügten sich die Jeep-Pickups dieser Ära, die mit ihrem konstanten Design ja ganz bewußt einen Kontrapunkt zu den jährlichen Modelländerungen setzen sollten, die in der US-Autoindustrie üblich waren. Die Produktion der klassischen Jeep-Trucks endete nach 1965.

Der nächste Kandidat auf unserer Liste ist der Jeep Station Wagon, Bauzeit 1946-65. Trotz seiner 4476 mm langen, 1822 mm breiten und 1868 mm hohen Stahlkarosserie erweckte der bis zur A-Säule mit den Jeep-Trucks identische Kombi den Eindruck, als

Im Vergleich zum CJ ist das Armaturenbrett des Wrangler (hier ein 94er Modell mit Schaltgetriebe) geradezu üppig instrumentiert.

Technisch ausgereift, aber erfolglos: Die zahlreichen Ableger der Jeep-Familie

Eine weitere Designstudie des 97er Wrangler zeigt die behutsame Reifung des klassischen Jeep-Stylings, ein Prozeß, der radikale Änderungen verbietet.

seien seine Flanken mit Edelholz beplankt. Dieser Eindruck wurde durch entsprechende Lackierung einzelner Teile der Karosserie erweckt und gemahnte an die bekannten „Woodies“ der Vorkriegszeit. Der Wagon hatte zwei seitliche Türen und eine horizontal geteilte Heckklappe, die nach oben bzw. nach unten öffnete. Vordere und hintere Sitzbank waren 60/40 geteilt und boten vier Personen Platz. Auf Wunsch konnte die hintere Bank durch zwei längsmontierte Bänke an den Seiten ersetzt werden, wodurch das Fassungsvermögen auf sechs Personen stieg. Das Armaturenbrett umfaßte die auch im Truck vorkommenden Instrumente, allerdings in quadratischer Gruppierung. Der Reservereifen war im Wageninneren angebracht, stehend auf der rechten Seite im Laderaum. Das Ladevolumen betrug 3169 Liter.

Zum Wagon gesellte sich 1947 ein Lieferwagen, sprich ein Kombi ohne hintere Seitenfenster und ohne Rücksitze, dafür aber mit konventionellen, vertikal angebrachten Hecktüren. Die Wagons wurden parallel zu den Trucks weiterentwickelt, daher ist es nicht verwunderlich, daß die Facelifts der Jahre 1950 und 1954 denen der Jeep-Trucks entsprachen. Auch die Einführung einer einteiligen Windschutzscheibe im Kombi fand zeitgleich zum Pickup statt. Weitere karosseriemäßige Änderungen an Wagon und Van gab es bis zum Ende der Bauzeit im Jahre 1965 nicht.

Ein Nebenprodukt der Trucks und Wagons war der Jeepster, ein offener Roadster der Jahre 1948-51. In eigenständigerer, an den CJ angelehnter Form wurde er 1967-73 noch einmal auf den Markt geworfen, als Roadster, Cabriolet, Kombi und Pickup. Der zweitürige Drei- bzw. Fünfsitzer maß 4277 mm Länge, 1656 mm Breite und 1630 mm Höhe (ab 1972: 4432 mm/1656mm/1584 mm). Nur der Kombi verfügte serienmäßig über ein festes Dach. Wesentliche Designveränderung war im Jahre 1972 die Neugestaltung des

Der CJ-8, auch Scrambler genannt, konnte mit einer Ladefläche von 1562 x 1417 x 416 mm aufwarten.

Der 1983er CJ-8 Wagon, hier in einer Version mit Rechtslenkung, z.B. für den Export nach Australien.

Kühlergesichtes, das jegliche Ähnlichkeit mit dem CJ verlor. Außerdem ging der Jeepster im selben Jahr des Cabriolets verlustig, der zweisitzige Roadster blieb aber noch bis zum Ende erhalten.

Zuletzt seien noch zwei weitere Jeep-Sprößlinge erwähnt: Zum einen der CJ-8, ein 4503 mm langer Ableger des CJ-5/-7, der von 1981-85 als Pickup mit oder ohne festes Dach, genannt Scrambler, sowie als Wagon und als Van gebaut wurde. Abgesehen von den etwas veränderten Abmessungen waren keine karosserieseitigen Abweichungen vom CJ zu verzeichnen. Zum anderen der massivere CJ-10, der als Pickup mit festem Dach, mit Softtop oder als Roadster Pickup angeboten wurde, außerdem als Chassis/Cab. Der 4,85 m lange, 1,73 m breite und bis zu 1,83 m hohe Dreisitzer unterschied sich vom CJ-5/-7 vor allem durch die ungewöhnliche Anordnung seiner rechteckigen Frontlampen in den Kotflügeln anstatt neben dem Grill. Der Fahrgastraum dagegen war eine direkte Erbschaft vom konventionellen Jeep, speziell das Armaturenbrett und die ungeteilte Sitzbank. Der CJ-10 kam 1983 auf den Markt und wurde bis 1985 gebaut.

Motoren

56 Jahre dauert die Jeep-Geschichte bereits an. 56 Jahre sind in unserem schnellebigen Jahrhundert eine lange Zeit, in der sich eine große Zahl an Veränderungen ergeben können. Eine Übersicht über die Motoren, die im Laufe der Zeit die in diesem Buch behandelten Jeep-Modelle angetrieben haben oder es noch tun, macht diese Veränderungen deutlich. Insgesamt 15 Maschinen von acht verschiedenen Herstellern kommen bei solch einer Auflistung zusammen. Zum Zwecke der größeren Übersichtlichkeit werden die Motoren chronologisch aufgeführt, wobei das erste (Modell-)Jahr ihres Erscheinens in einem Jeep als Ausgangspunkt dient.

Das Gegenstück des CJ-8 Wagon war der fensterlose, ansonsten aber identische Van.

Am Anfang jeder Betrachtung der Jeep-Triebwerke steht

notwendigerweise der 2,2-Liter-Vierzylinder von Willys-Overland, der von der Marketingabteilung der Firma in der Nachkriegszeit auf den klangvollen Namen „Hurricane" getauft wird. Als er 1940 erstmalig im Willys Quad, dem Urahn aller Jeeps, auftaucht, ist er bereits ein Veteran, denn schon 1933 hatte er sein Debut im „77", einem kompakten Willys-Overland-Pkw, gegeben, damals noch mit 48 PS. Im Military-Jeep des Zweiten Weltkrieges sind es bereits 60 PS, eine Leistungsangabe, die

auch für den praktisch identischen Motor der ersten Zivilausführung des Jeep, den CJ-2A gemacht wird. Diese 60 PS fallen bei 4000 U/min an, das maximale Drehmoment von 143 Nm bei 2000 U/min. Die komplett aus Gußeisen gefertigte Maschine erlangt ihren Hubraum durch eine Bohrung von 79,3 mm und einen Hub von 111,1 mm, die Verdichtung liegt bei 6,48:1. Die Ventile sind seitlich angeordnet (L-Head) und werden über mechanische Stößel betätigt. Die kurze Kurbelwelle ist dreifach gelagert. Die Kraftstoffzufuhr erfolgt über einen Einkammer-Fallstromvergaser der Firma Carter.

Zum Modelljahr 1949 modernisiert Willys-Overland seinen allgegenwärtigen Vierzylinder durch einen neuen Zylinderkopf, bei dem zumindest die Einlaßventile obenliegend eingebaut sind, während die Auslaßventile ihre seitliche Position beibehalten (F-Head). Außerdem vergrößert sich der Durchmesser der Einlaßventile von 38,8 auf 50,8 mm. Sinn und Zweck des neuen Zylinderkopfes ist die Verbesserung der Beatmung des Motors, der so mehr Leistung produzieren kann. In der Tat kann die Kompression auf 6,9:1 (7,4:1 für Jeeps, die in gebirgigen Regionen gefahren werden) erhöht und ein Leistungsgewinn von 12 PS erzielt werden. Das erste Willys-Modell, das in den Genuß des F-Head-Motors kommt, ist der 49er Jeepster, der kurzlebige Ableger der Jeep-Trucks und Wagons, die ihrerseits ab 1950 die neue Maschine erhalten. Der CJ muß noch bis 1953 warten; der so ausgerüstete Jeep erhält wegen des F-Head die Bezeichnung CJ-3B im Gegensatz zum CJ-3A, der den L-Head verwendet. Dem Vierzylinder ist eine sehr dauerhafte Karriere beschieden. Im Jahre 1961 durch eine Erhöhung der Kompression noch einmal um drei auf insgesamt 75 PS erstarkt, bleibt er bis Ende des Modelljahres 1971 im Einsatz, also sage und schreibe 38 Jahre. Während dieser Zeit arbeitet er im Army-Jeep und den CJs -2A/3A/3B/5/5A/6/6A (1940-71), den Jeep-Trucks (1947-1962), den Jeep-Wagons

Jeep-Motoren: Vom L-Head-Vierzylinder bis zum Fünfliter-V8 von AMC

Der seitengesteuerte 2,2-Liter-Vierzylinder trieb den Jeep bis 1952 an.

Der 1966-71 verwendete 3,7-Liter-V6 namens „Dauntless“ stammte ursprünglich von der GM-Division Buick.

und Jeep-Vans (1946-65), und nicht zuletzt dem Jeepster/Commando (1948-51; 1967-71).

Eine Weiterentwicklung des Hurricane-Vierzylinders darf nicht unerwähnt bleiben: Es handelt sich um einen 2,6-Liter-Reihensechszylinder, der 1950/51 den Jeepster Six (im Gegensatz zum Jeepster Four mit Vierzylinder) antreibt. Der einzige Unterschied zum F-Head-Vierzylinder ist die Hinzufügung zweier Zylinder, ansonsten sind sich beide Motoren völlig gleich. Der Sechszylinder leistet 75 PS und kommt außer im Jeepster in keiner anderen hier behandelten Modellreihe zum Einsatz.

Der Nächste in unserer Chronologie ist der „Super Hurricane“, ein 3,7-Liter-Reihensechszylinder, der 1954 im Jeep-Lineup auftaucht. 1954 ist auch das Jahr, in dem Kaiser-Frazer Willys-Overland aufkauft. Da ist es kein Wunder, daß der Super Hurricane aus den Beständen des Kaiser-Konzerns stammt. Das Aggregat wurde bereits 1946 von dem unabhängigen Motorenhersteller Continental in Detroit für Kaiser-Frazer entwickelt, dessen Full-Size-Pkw er seit jenem Jahr antrieb. Diese L-Head-Maschine mit mechanischen Ventilstößeln hat Zylinderabmessungen von 100,0 mm x 111,1 mm, eine vierfach gelagerte Kurbelwelle und eine Kompression von 6,8:1 (7,3:1 auf Wunsch). Die Gemischaufbereitung besorgt ein Carter-YF-Fallstromvergaser mit einer Kammer. Der Gußeisen-Sechszylinder leistet 115 PS bei 3800 U/min, das maximale Drehmoment von 256,5 Nm fällt bei 1800 U/min an. Super Hurricanes finden sich von 1954-64 in Jeep-Trucks und -Wagons.

Viel Wind: Hurricane, Super Hurricane und Torn

Die nächste Zäsur in der Motorengeschichte der Jeeps findet 1961 statt und wird gekennzeichnet durch die Einführung eines 3,1-Liter-Vierzylinder-Diesels, des ersten Selbstzünders in einem Jeep. Der bis einschließlich 1969 im CJ-5/-6 angebotene Motor stammt vom britischen Hersteller Perkins, hat eine Bohrung von 88,9, einen Hub von 127 mm und ist aus Gußeisen. Es handelt sich um eine moderne Konstruktion mit obenliegenden Ventilen, die bei einer Verdichtung von 16,5:1 62 PS bei 3000 U/min und 193 Nm bei 1350 U/min abgibt.

Im Mai 1962 tritt erstmals ein gänzlich neuer werkseigener Motor in Erscheinung, der sogenannte „Tornado OHC Six“, ein Entwurf von Willys-Chefingenieur A.C. Sampietro. Dabei handelt es sich um einen 3,8-Liter-Reihensechszylinder (Bohrung: 84,8 mm; Hub: 111,2 mm), der mit einem Carter-Doppelvergaser 140 PS bei 4000 U/min leistet und sein maximales Drehmoment von 283 Nm bereits bei 1750 U/min abgibt. Der Tornado weist eine obenliegende Nockenwelle auf, eine Konstruktion, die die übrigen US-Hersteller wegen der hohen Entwicklungskosten meist scheuen. Die technischen Vorteile liegen jedoch auf der Hand: weniger bewegliche Teile im Motor bedeuten weniger Reibung und weniger Leistungsverlust und versprechen eine längere Le-

Der 3,8-Liter-Reihensechszylinder von AMC wurde von 1972 bis 1978 im CJ eingebaut, leistete zuletzt 100 PS.

Der 3,8-Liter in einem seiner letzten Baujahre, eingekeilt von zahlreichen Zusatzaggregaten, vor allem zur Abgasreinigung.

bensdauer des Triebwerks. Die Nockenwelle verfügt über nur sechs Nocken, von denen jede ein Ein- und ein Auslaßventil steuert. Die Brennräume des Motors sind nach dem von Chrysler bekannten Hemi-Prinzip halbkugelartig geformt, was für eine gleichmäßige Verbrennung sorgen soll. Der „Tornado" ist eigentlich für den Jeep-Geländekombi Wagoneer und die ihm verwandten Gladiator-Pickups gedacht, findet aber auch Zugang zu den CJ-verwandten Station Wagons (1962-65) und Pickups (1963-65).

1966 ist das Erscheinungsjahr des 3,7-Liter-V6 in Fahrzeugen der Marke Jeep. Der V6 ist ein Produkt der General-Motors-Division Buick und geht auf das Jahr 1961 zurück. Buick hatte für seinen in jenem Jahr vorgestellten Kompaktwagen, den Special, einen 3,5-Liter-Aluminium-V8 entwickelt, dessen Herstellung sich schon bald als zu kostspielig erwies. Um den Special-Käufern einen preisgünstigeren Einstiegsmotor bieten zu können, konstruieren die Buick-Ingenieure auf der technischen Basis des V8 unter Veränderung der Zylinderabmessungen den V6 mit gußeisernem Block, der ab 1963 den Special antreibt. Der gleiche Motor wird auch von Oldsmobile, einer weiteren GM-Division, in ihr Parallelmodell zum Special, den F-85, eingebaut. Auf der Suche nach einer kompakten, leistungsstarken Maschine, die in den kurzen Motorraum des CJ-5/-6 hineinpaßt, fällt die Aufmerksamkeit Kaiser-Jeeps auf das Buick-Aggregat, seinerzeit der einzige V6, der in den USA gebaut wurde. Ein Abkommen mit Buick regelt die Lieferung des V6 ab 1966; 1968 kauft Kaiser-Jeep sämtliche Patente von General Motors, die das Interesse an diesem Motor verloren haben, und verpflanzt die komplette V6-Bandstraße vom Buick-Stammwerk in Flint, Michigan, zu Jeep nach Toledo, Ohio. (Ironischerweise kauft Buick die Patente und die Bandstraße 1974 wieder zurück, weil unter dem Eindruck der Ölkrise auf einmal wieder kleinere Motoren gefragt sind, die Buick zu jenem Zeitpunkt nicht bieten kann. Der V6 wird, entsprechend modernisiert, noch heute gebaut und in nahezu allen GM-Modellen verwendet). Jeep vermarktet

Der erste und einzige V6 im Jeep

AMCs 4,2-Liter-Sechszylinder ist dem kleineren 3,8-Liter äußerlich gleich.

Ein Aufriß des 1984 im CJ eingeführten 2,5-Liter-Vierzylinders, eine Jeep-Eigenentwicklung.

ab Modelljahr 1966 den neuen Motor unter dem Namen „Dauntless“ (= furchtlos, unbeeindruckt) in den CJs. Der V6 hat einen zeitgemäßen OHV-Zylinderkopf (obenliegende Ventile), eine zentrale Nockenwelle, die über Hydrostößel die Ventile betätigt. Ein Rochester-Doppelvergaser liefert den Kraftstoff. Die Zylindermaße: Bohrung 95,2 mm, Hub 86,3 mm; die Verdichtung liegt bei 9:1, die Kurbelwelle ist dreifach gelagert. 160 PS fallen bei 4200 U/min an, das maximale Drehmoment von 317 Nm steht bei 2400 U/min zur Verfügung. Der „Dauntless“-V6 wird bis Ende des Modelljahres 1971 im CJ-5 bzw. CJ-6 sowie im Jeepster der Modelljahre 1967-71 verwendet.

Die Bedeutung des Jahres 1970 für Jeep ist in diesem Buch schon mehrfach erwähnt worden, weil im Februar jenen Jahres die American Motors Corporation bei Jeep einsteigt. Diese Übernahme schlägt zwei Jahre später voll auf das Motorenangebot durch, das jetzt vollständig aus AMC-Quellen stammt. Die kleinste Maschine ist ein gußeiserner 3,8-Liter-Reihensechszylinder mit einer Bohrung von 95,2 mm und einem Hub von 88,9 mm. Der OHV-Motor hat Hydrostößel, einen Einkammervergaser, entweder von Carter oder von Holley, eine siebenfach gelagerte Kurbelwelle und ist 8:1 verdichtet. 100 PS bei 3600 U/min und 249 Nm Drehmoment bei 1800 U/min liegen an. Diese Maschine gibt es seit 1964, als sie erstmalig im Rambler Classic verwendet wird (Rambler ist eine der Marken, aus denen 1966 die American Motors Corporation entsteht). Jeep-Nutzer des Sechszylinders sind von 1972-78 der CJ-5/-6/-7 sowie 1972/73 der Jeepster/Commando.

Nahezu identisch ist der hubraumstärkere 4,2-Liter-Reihensechszylinder, der sich nur durch seinen größeren Hub von 99,0 mm von dem kleineren Sechszylinder unterscheidet. Immerhin kann er mit 110 PS bei 3500 U/min und 263 Nm Drehmoment bei 2000 U/min glänzen. Ab 1982 werden seine Leistungsdaten mit 115 PS bei 3200 U/min und 283 Nm bei 1800 U/min angegeben; 1987 sinkt die PS-Zahl auf 112, alle anderen Angaben bleiben unverändert. Die 4,2-Liter-Variante des AMC-Sechszylinders, auch bekannt unter der Bezeichnung „258“, nach dem Hubraum in Kubikzoll, kommt 1971 auf den Markt und treibt die AMC-Pkw Gremlin, Hornet, Javelin, Matador und Ambassador an. Nach dem alten Willys-Vierzylinder ist er der zwei-

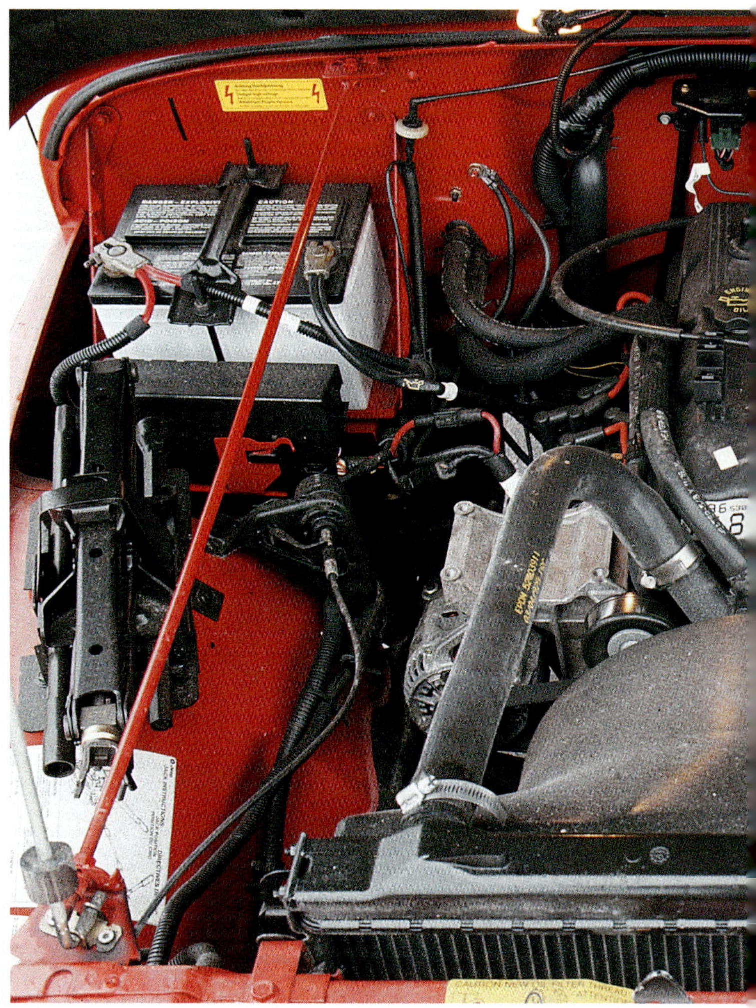

Der Vierzylinder in eingebauter Form, hier im 93er Wrangler. Der Motor i

te große Dauerbrenner im Jeep, denn er findet sich bis 1990 in folgenden Modellen: 1972-86 im CJ-5/-6/-7; 1987-90 im Wrangler; 1972/73 im Jeepster/Commando; 1981-85 im Scrambler/CJ-8 und 1982-85 im CJ-10.
Letzter Neuling des Jahres 1972 ist der „kultigste" unter den Jeep-Motoren, der 5,0-Liter-V8, auch „304" (Erklärung siehe „258") genannt. Auch er ist eine Weiterentwicklung aus Rambler-Zeiten und kommt, in hubraumschwächerer Form, zum Modelljahr 1964 heraus. 1970 wird der „304" vorgestellt; er ist in sämtlichen AMC-Modellen erhältlich. Dank seiner Zylinderbohrung von 95,2 mm kann er die gleichen Kolben verwenden wie die beiden Sechszylinder, mit seinem Hub von 87,3 mm empfiehlt er sich als ein typisch amerikanischer Kurzhub-V8. Simpel, preisgünstig und pflegeleicht konzipiert sind Block und OHV-Zylinderköpfe des „304", natürlich aus ganz unexotischem Gußeisen und die Ventile werden von wartungsfreien Hydrostößeln über eine zentrale Nockenwelle angetrieben. Die Kurbelwelle ist, wie üblich, fünffach gelagert und motiviert die Kolben, das über einen Doppelvergaser einströmende Gemisch im Verhältnis von 8,4:1 zu komprimieren. Das Resultat sind 150 PS, die bei 4200 Touren anfallen, während das Drehmoment von 330 Nm bereits bei 2500 U/min anliegt. Durch die strikten Abgasgesetze der USA verliert der V8 1979 glatte 20 PS, weil er ab da mit Katalysator ausgerüstet ist und bleifreies Benzin schlucken muß. Drehzahlniveau und Drehmoment bleiben jedoch unverändert. Der „304" ist und bleibt der einzige jemals serienmäßig im Jeep eingebaute V8 und findet sich ausschließlich von 1972-1981 im CJ-5/CJ-6/CJ-7 sowie im 72/73er Jeepster/ Commando.

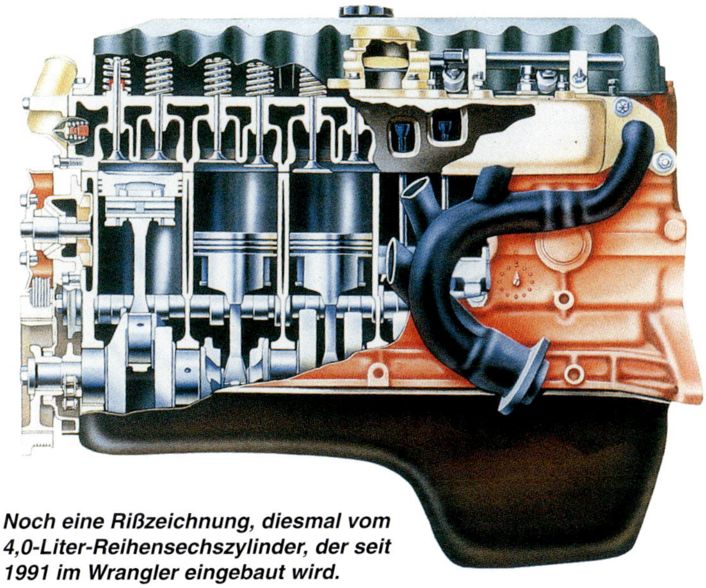

Noch eine Rißzeichnung, diesmal vom 4,0-Liter-Reihensechszylinder, der seit 1991 im Wrangler eingebaut wird.

verwechseln mit dem gleichgroßen „Iron Duke" von GM.

Jeep-Kraftquellen: AMC, Buick, Perkins und Pontiac

Nächster Halt auf unserer Reise durch die Geschichte der Jeep-Motoren ist im Jahre 1980, als erstmals seit 1971 wieder ein Vierzylindermotor im Jeep angeboten wird. Die betreffende Maschine ist ein 2,5-Liter-Vierzylinder, den die AMC/Jeep-Marketingleute „Hurricane" taufen, um an die gute alte Willys-Zeit anzuknüpfen. In Wirklichkeit ist der Hurricane ein Seiteneinsteiger und stammt von Pontiac, einer Division des Autoriesen General Motors. Bei GM wird der dort „Iron Duke" genannte Vierzylinder seit 1977 in zahlreiche kompakte Modelle nicht nur von Pontiac, sondern auch von Chevrolet, Oldsmobile und Buick eingebaut. Jeep kauft den Motor, weil ein eigener Vierzylinder erst noch entwickelt werden muß. Die technischen Merkmale des „Hurricane" entsprechen US-Standard: Gußeisenkonstruktion, obenliegende Ventile, Hydrostößel, fünffach gelagerte Kurbelwelle. Die Bohrung beträgt 101,6, der Hub 76,2 mm, die Verdichtung 8,2:1. Ein Rochester-Dop-

Unter diesem Gewirr verbirgt sich der Vierliter im Motorraum eines 97er Wrangler.

pelvergaser bereitet den Kraftstoff auf. 82 PS bei 4000 U/min und 169 Nm Drehmoment kommen auf die Kurbelwelle. Der Pontiac-Motor bleibt bis Ende des Modelljahres 1983 im Einsatz im CJ-5/-7, darüber hinaus im CJ-8/Scrambler und im CJ-10.

Die Ablösung des werksfremden Treiblings erfolgt mit Beginn des Modelljahres 1984, als ein neuer AMC-2,5-Liter-Vierzylinder die Rolle des Basistriebwerks bei Jeep übernimmt. In seinem konstruktionstechnischen Aufbau unterscheidet er sich kaum von der Pontiac-Maschine, hat allerdings unterschiedliche Zylinderabmessungen: Bohrung 98,5 mm, Hub 81,0 mm. Trotz seines Einkammervergasers ist er beträchtlich kräftiger als der „Iron Duke“, liefert er doch 105 PS bei 5000 U/min ab. Auch der maximale Drehmomentwert von 178 Nm bei 2800 liegt über dem des GM-Aggregats. 1987 macht der Vierzylinder eine Leistungskur, bei der der altertümliche Vergaser durch eine elektronisch gesteuerte zentrale Benzineinspritzung ersetzt wird. Dadurch steigt die PS-Zahl auf 117 (bei weiterhin 5000 U/min), das maximale Drehmoment von nunmehr 182 Nm gibt's ab da bei 3500 U/min. Doch damit ist die Geschichte des Vierzylinders keineswegs zu Ende. 1991 sorgt eine Mehrpunkt-Benzineinspritzung für insgesamt 123 PS bei 5250 U/min und 187 Nm bei 3250 U/min. Die jüngste Überarbeitung des Vierzylinders im Modelljahr 1996 ändert die Leistungsangaben rein numerisch nur minimal: 120 PS bei 5400 U/min, 190 Nm bei 3500 U/min. Allerdings werden nun die Pferde im unteren und mittleren Drehzahlbereich bei niedrigeren Touren mobilisiert, die Drehmomentkurve ist flacher. Der Vierzylinder arbeitet im 1984-86er CJ-7, im 84/85er Scrambler/CJ-8 und CJ-10 sowie seit dem Modelljahr 1987 im YJ/Wrangler.

4.0 High Output

Das Jahr 1991 markiert die Einführung des aus dem Jeep Cherokee bekannten 4,0-Liter-Reihensechszylinders im Jeep Wrangler, den er auch heute noch antreibt. Das gußeiserne OHV-Triebwerk mit den Zylinderabmessungen von 98,5 und 86,6 mm ist bei Wrangler-Besitzern wegen seiner überlegenen Kraftentfaltung außerordentlich beliebt. Die verdankt es nicht zuletzt seiner Mehrpunkt-Benzineinspritzung, die im 91er Modell 180 PS bei 4750 U/min auf die siebenfach gelagerte Kurbelwelle wuchtet. Auch das Drehmoment von 297 Nm bei 4000 U/min kann sich sehen lassen. Im aktuellen Wrangler gibt sich der ähnlich dem

Der Motorraum des 92er Wrangler (auch ein Vierliter) wirkt auch nicht aufgeräumter als der seines moderneren Gegenstücks.

Vierzylinder modifizierte Sechszylinder gelassener: 181 PS bei 4600 U/min, 300 Nm bei 2800 U/min. (Anmerkung: In diesem Zusammenhang werden die offiziellen Werte der US-Ausführungen angegeben; PS-, Nm-, und Drehzahlangaben der offiziell nach Deutschland importierten Jeeps können geringfügig davon abweichen).

1987-96er Wrangler mit Automatik haben den Wählhebel an der Lenksäule.

Um den Überblick zu vervollständigen, sollen hier auch noch ein paar Worte verloren werden über Motoren, die nur in Jeep-Exportmodelle eingebaut wurden. Anders als die übrigen US-Hersteller ist Jeep spätestens seit Ende des Zweiten Weltkrieges ein exportorientierter Produzent, dessen Fahrzeuge auf der ganzen Welt gekauft und geschätzt werden. Da konnte es dann immer wieder passieren, daß spezielle Exportversionen der beliebten Allradler, angepaßt an unterschiedliche Marktbedingungen, produziert wurden, meist allerdings nur in kleiner Stückzahl und nie sehr lange. Charakteristisch für diese Tendenz ist die Zeit, in der Renault dic Regie bei AMC übernommen hatte und - ziemlich erfolglos - Jeeps mit Renault-Motoren in Europa zu verkaufen suchte, also die Jahre 1981-86. So gab es den CJ-5 bzw. CJ-7 in der Alten Welt mit dem aus zahlreichen Modellen des französischen Herstellers bekannten 2,1-Liter-Vierzylinder-Diesel, dessen obenliegende Nockenwelle hängende Ventile betätigt. Die fünffach gelagerte Kurbelwelle treibt die Kolben 89 mm hoch in die 86-mm-Zylinderbohrung. 60 PS fallen bei 4400 U/min an, 144 Nm Drehmoment bei 2750 U/min. Die Kompressionsrate liegt bei 21,5:1.

Ebenfalls von Renault stammte der 2,0-Liter-Vierzylinder, der sonst im R 18, Fuego, R 25 oder Espace Dienst tat. 88 mm Bohrung und 82 mm Hub, eine fünffach gelagerte Kurbelwelle, eine obenliegende Nockenwelle und ein Weber-Doppelvergaser sind die Kennzeichen des 9,2:1 verdichteten Motors, der im CJ-5/-7 104 PS bei 5500 U/min und 160 Nm Drehmoment bei 3250 U/min produziert.

Erwähnt sei zum Abschluß noch ein anderer Motorenlieferant für Jeep, das General-Motors-Anhängsel Isuzu. Der japanische Hersteller lieferte Anfang der 80er kurzzeitig einen 2,4-Liter-Vierzylinder-Diesel für CJ-5, CJ-7 und CJ-8. Der Selbstzünder mit seitlicher Nockenwelle erhält seinen Kraftstoff über eine Kiki-Einspritzpumpe, die über hängende Ventile die 86 x 102 mm großen Zylinder beliefert. Dabei werden 60 PS bei 3400 U/min gewonnen bei einem Drehmoment von 151,1 Nm bei 2000 U/min.

Antrieb

Egal, wie groß und stark ein Motor auch sein mag, ohne Getriebe ist er nutzlos, denn irgendwie muß er seine Kraft in kontrollierter Weise auf die Straße bringen. Da-

Zum Wagenboden verlegt wurde der Automatik-Wählhebel beim 97er Wrangler.

Alle Jeep-Trucks (hier ein 1951er 4-73) haben ein Dreigang-Schaltgetriebe.

her sollen hier die diversen Schalt-, Automatik-, und Verteilergetriebe erwähnt werden, die im Jeep eingebaut wurden und werden. Am Anfang unserer Betrachtung steht das Warner Gear T090A, ein manuelles Dreiganggetriebe, das zu Beginn der Karriere des Jeeps für die Kraftübertragung zuständig ist. Es findet sich in allen CJs von 1945-69 sowie im Jeep Station Wagon von 1946-65 und in seinem Ableger, dem 1948-51er Jeepster. Die Gänge sind wie folgt übersetzt: I. 2,789:1; II. 1,55:1; III. 1,00:1; R. 3,789:1. Im Modelljahr 1966 ändert sich die Übersetzung des II. Ganges zu 1,69:1. Das T090A wird serienmäßig mit allen in den genannten Modellen verwendeten Motoren kombiniert und funktioniert mittels einer Einscheiben-Trockenkupplung, die im kurzen Modelljahr 1945 von Borg & Beck stammt und einen Scheibendurchmesser von genau 200 mm hat. Ab 1946 wird sie durch eine Auburn-Kupplung gleichen Typs mit 216 mm Scheibendurchmesser ersetzt. Ab Modelljahr 1949 werden zusätzlich gleichgroße Kupplungen der Marke Rockford eingebaut; eine stärkere Auburn-Kupplung mit 235 mm Durchmesser kommt auf die Aufpreisliste und bleibt bis einschließlich 1963 im Angebot. Der 1966 vorgestellte „Dauntless"-V6 benötigt aufgrund seiner höheren Leistung eine noch stärkere Kupplung; der Scheibendurchmesser beträgt hier 264 mm. Die aufgrund ihrer Aufgabe als Lkw höher belasteten Jeep Pickups der Jahre 1947-65 benutzen ihr eigenes Dreiganggetriebe, das Warner ASI-T909E mit den Gangübersetzungen 3,44/1,85/1:1, kombiniert mit der

Fürs Gelände verwendet der CJ ein Warner T-18 Vierganggetriebe, kombiniert mit einem Dana-20-Verteilergetriebe (Geländegang 2,03:1).

Auburn-Kupplung des CJ mit 216 mm Scheibendurchmesser. Der 1954 eingeführte „Super Hurricane“-Sechszylinder arbeitet mit einer 254-mm-Kupplungsscheibe. 1970 ersetzen neue Dreiganggetriebe die bisher üblichen Einheiten. Das Warner T90L wird serienmäßig mit dem Standard-Vierzylinder kombiniert. Es ist 3,339/1,551/1/R. 3,789:1 übersetzt. Die beiden oberen Gänge sind synchronisiert, ein Novum in einem Jeep.

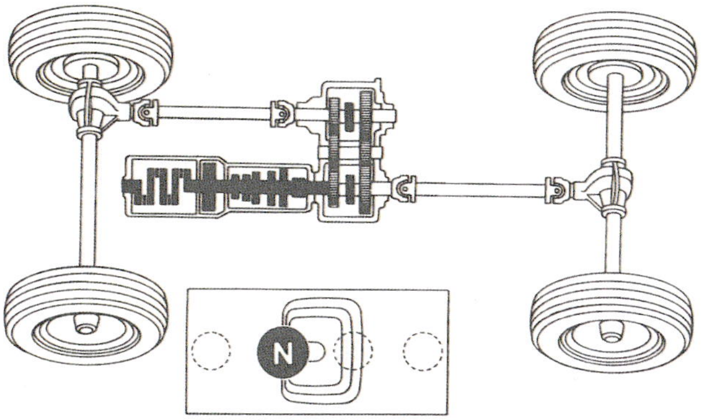

Die Schaltpositionen des Dana-300-Verteilergetriebes, hier der Leerlauf.

Das T90L wird nur 1970/71 in die CJs 5 und 6 eingebaut. Die V6-Jeeps der Modelljahre 1970/71 verwenden ein Dreiganggetriebe Typ Warner T14A mit den Gangübersetzungen 3,1/1,612/1/R. 3,1:1. Dieses Modell ist vollsynchronisiert. Nach Einführung der AMC-Motoren 1972 wird das T14A zum Standard-Schaltgetriebe in allen CJs bis einschließlich 1979. Außerdem kommt es im Jeepster/Commando der Modelljahre 1967-73 zum Einsatz, von 1967-71 in Verbindung mit dem V6, 1972/73 in Kombination mit den beiden AMC-Sechszylindern. Die Vierzylinderausführungen des Jeepster in den Jahren 1967-71 arbeiten mit dem Warner T86 CC, einem weiteren vollsynchronisierten manuellen Getriebe mit drei Gängen. Diese sind 3,39/1,851/1/R. 4,531:1 übersetzt. Mit dem Wegfall des Vierzylinders 1972 besteht keine Notwendigkeit für das T86 CC mehr.

Ein kurzes Gastspiel gibt das dreigängige Warner-T15A-Schaltgetriebe im Jeep. Es ist die serienmäßige Kraftübertragungseinheit im Jeepster/Commando V8 der Modelljahre 1972/73. I./II./III. Gang sind 2,997/1,832/1:1 übersetzt, der Rückwärtsgang wiederum 2,997:1. Aufgrund des höheren Drehmoments des V8 kann der erste Gang getrost länger übersetzt sein als bei den schwächeren Motoren. Was die Kupplungen angeht, so bleiben die bisher verwendeten Einheiten unterschiedlicher Stärke bis ins Modelljahr 1971 erhalten. Ab 1972 kommt in den Schalt-Jeeps eine wiederum stärkere Auburn-Einscheiben-Trockenkupplung zum Einsatz, mit einem einheitlichen Durchmesser von 266 mm für alle Motoren und Getriebe, eine Regelung, die bis 1980 andauert.

Schalte und walte: Die Getriebeauswahl im Jeep

Das erste Viergang-Schaltgetriebe im Jeep debütiert 1957. Es handelt sich um das Warner T98A mit den unsynchronisierten Gängen 6,398/3,092/ 1,686/1/R. 7,820:1. Es steht auf Wunsch im CJ-5/5A/6/6A zur Verfügung, gegen einen Aufpreis von $ 194; der CJ-3B kann nicht mit dem T98A geordert werden. Das Getriebe wird bis einschließlich 1971 im CJ angeboten, für alle Motoren. 1970/71 kann der CJ-5 mit „Dauntless“-V6 auch mit dem Warner T18 ausgerüstet werden, bei dem der erste Gang länger (4,020:1) übersetzt ist als beim T98A. Der leichtere CJ-5, so die Logik der Jeep-Ingenieure, braucht nicht unbedingt einen extrem kurzen Anfahrgang, wie ihn das T98A bietet. Obendrein hat das T18 den Vorteil, daß die drei oberen Gänge synchronisiert sind. Während das T98A ab 1972 nicht mehr im Jeep angeboten wird, bleibt das T18 als optionales Vierganggetriebe für CJ-5, CJ-6 und CJ-7 bis

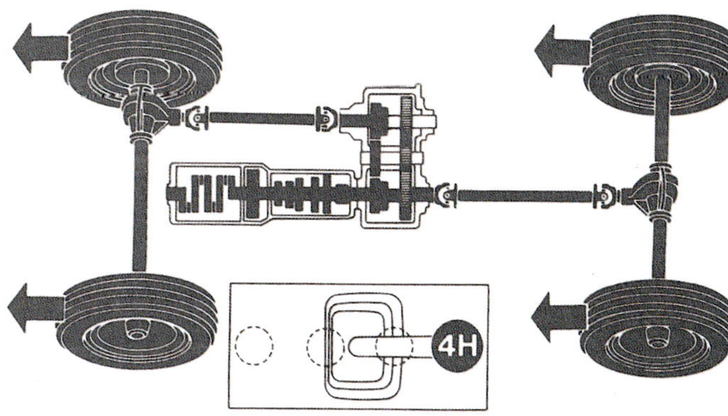

Die Position „4 High“ ist im CJ-Verteilergetriebe direkt übersetzt.

1979 im Programm. Im Jeepster/Commando kommt es ebenfalls vor, und zwar in den beiden letzten Baujahren dieses Jeep-Modells, 1972 und 1973. Es wird auf Wunsch in allen Ausführungen angeboten und ist mit jedem Motor kombinierbar, wie beim CJ.

Das Jahr 1980 bringt eine vollständige Neuordnung beim Getriebeangebot. Die bis dahin noch immer im Programm befindlichen Dreigangaggregate fallen weg, außerdem wird das bisher eingebaute viergängige Warner T18 durch zwei neue Typen ersetzt. Mit der erneuten Vorstellung eines Vierzylinders gibt es jetzt zwei verschiedene Serien-Getriebe, beide mit vier Gängen. Der „Hurricane“ kooperiert mit dem Borg-Warner SR-4. Seine Daten: I. Gang 4,07:1; II. Gang 2,39:1; III. Gang 1,49:1; IV: Gang 1:1. Sechszylinder und V8 dagegen erhalten das Tremac T-176 als Partner (Übersetzungen:

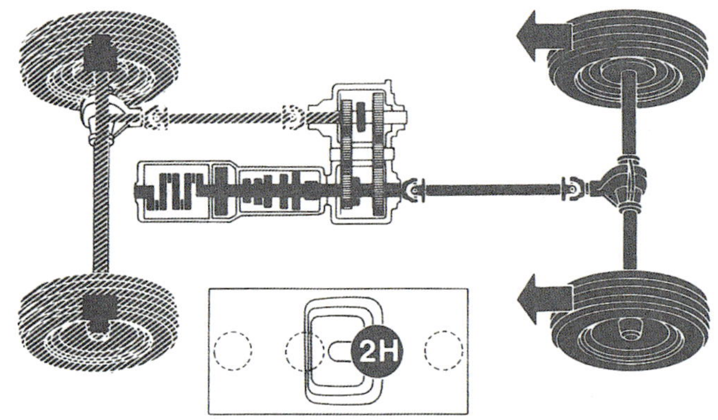

Bei Position „2 High" ist der vordere Antriebsstrang abgekoppelt.

3,52/2,27/1,46/1:1; ab Modelljahr 1981 I. Gang 3,82:1). Beide Getriebe sind vollsynchronisiert; für den Kraftschluß sorgt wie gehabt eine Einscheiben-Trockenkupplung, beim Vierzylinder mit 231 mm Durchmesser, während bei Sechszylinder und V8 die 266-mm-Scheibe der Vorjahresmodelle übernommen wird. Die beiden Getriebe werden bis ins Modelljahr 1986 im CJ-5 und CJ-7 sowie im CJ-8/Scrambler verwendet.

Die Ära der zeitgemäßen Fünfganggetriebe beginnt bei Jeep im Jahre 1982, als das Warner T-5 erstmals angeboten wird. Die ersten vier Gänge sind 4,03/2,37/1,50 und 1:1 übersetzt, beim obersten Gang sind es, je nach Motor und Achsübersetzung, entweder 0,76 oder 0,86:1. Das Warner T-5 kostet $ 199 Aufpreis und kann zunächst für alle CJs (-5/-7/-8) außer dem CJ-5 mit Sechszylinder bestellt werden. Ab Modelljahr 1984 ist es nur noch mit dem Vierzylinder kombinierbar; die Gangübersetzungen ändern sich in 3,93/2,33/1,45/1 und 0,85:1. Das Getriebe bleibt bis zur Produktionseinstellung des CJ-7 im Jahre 1986 im Programm.

Mit der Einführung des Jeep YJ bzw. Wrangler im Mai 1986 ändert sich erneut das Getriebe-Lineup. Viergang-Schaltgetriebe gibt es nicht mehr und zwei neue 5-Gang-Getriebe werden zur Serienausstattung in den zwei Motorversionen des neuen Jeeps. Beide stammen aus dem Ausland. Zum einen ist da der japanische Hersteller Aisin, zum anderen der französische Produzent Peugeot. Beide Getriebe kommen bereits seit 1984 im Jeep Cherokee zum Einsatz und werden daher aus praktischen und ökonomischen Gründen für den Wrangler übernommen. Die Aisin- und die Peugeot-Einheit unterscheiden sich vor allem durch ihre Gangübersetzungen. Aisin: 3,93/2,33/1,45/1/0,84/R. 3,76:1, die gleichen wie beim Warner T-5 des CJ (Warner und Aisin arbeiten seit Jahren bei der Getriebeentwicklung zusammen). Bei Peugeot sind die Gänge 4,03/2,39/1,52/1/0,72/R. 3,76:1 übersetzt. Beide Getriebe sind natürlich vollsynchronisiert.

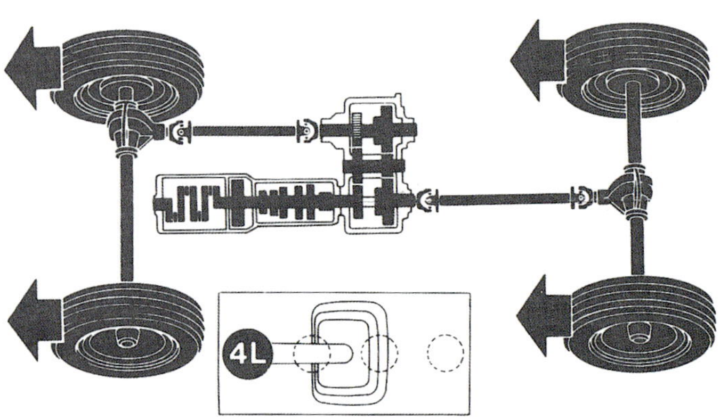

Position „4 Low": Die Untersetzung des Dana 300 ist 2,62:1.

Zur Erleichterung der Schaltvorgänge wird die Einscheiben-Trockenkupplung mit einem Hydraulikzylinder versehen, der den Kraftaufwand beim Kuppeln verringern soll. In manchen Quellen wird angedeutet, daß das Aisin-Getriebe nur mit dem Vierzylinder und das Peugeot-Getriebe nur mit dem Sechszylinder verbunden ist, tatsächlich aber können beide Motoren mit beiden Getrieben gekoppelt sein. Das Peugeot-Aggregat bleibt nur bis einschließlich 1988 im Programm, während das Aisin-Getriebe auch im aktuellen Wrangler noch seinen Dienst versieht. Leichte Abweichungen in den Gangübersetzungen der mit Vier- oder Sechszylindern gekoppelten Einheiten dienen der Anpassung an die unterschiedlichen Leistungscharakteristiken der beiden Motoren. So sind beim 4,0-Liter-Sechszylinder die Gänge I-V. mit 3,83 (statt 3,93)/2,33/1,44 (statt 1,45)/1/0,79 (statt 0,85) übersetzt.

Nicht vergessen werden dürfen natürlich auch die in den Jeeps angebotenen Automatikgetriebe, die hier im Vergleich zu anderen US-Fahrzeugen außerordentlich spät Einzug hielten. 1967 wird zum ersten Mal in einem der in diesem Buch beschriebenen Modelle ein selbstschaltendes Getriebe angeboten. Das Fahrzeug ist der in jenem Jahr neuaufgelegte Jeepster bzw. Commando, dessen optionaler V6, der, wie oben erwähnt, von der GM-Tochter Buick stammt, mit einer gleichfalls

Ein traditionelles

ren keine Einschränkungen.
1980 wird das GM-Getriebe durch das TorqueFlite 999 abgelöst, das normalerweise in Produkten des Chrysler-Konzerns zu finden ist. Auch Chrysler ist ein Pionier des Automatikgetriebes in den USA. Obwohl die ersten diesbezüglichen Versuche noch vor GMs Automatic Safety Transmission von 1937 laufen, hält Chrysler lange an seiner Halbautomatik, genannt Fluid Drive, fest. Erst 1953 stellt das Haus seine erste Vollautomatik vor, eine 2-Gang-Einheit mit Namen PowerFlite. Während des Modelljahres 1956 folgt dann das dreistufige TorqueFlite, das seitdem laufend verfeinert wird und als das am besten konstruierte und robusteste aller US-Automatikgetriebe gilt. Diese Zähigkeit steht dem TorqueFlite beim Einsatz im Jeep gut zu Gesicht. Auch bei der hydraulisch gesteuerten Chrysler-Automatik arbeitet ein Drehmomentwandler, die drei Schaltstufen sind 2,74/1,55 und 1:1 übersetzt, der Rückwärtsgang 2,20:1. Das neue Getriebe ist nur im CJ-7 und im CJ-8/Scrambler zu haben, 1980 (CJ-7) nur in Verbindung mit dem 4,2-Liter-Sechszylinder oder dem 5,0-Liter-V8. 1981-83 steht für den Pontiac-Vierzylinder auch eine Automatik zur Wahl, genannt TorqueFlite 904, eine Variante der Chrysler-Automatik mit kleinerem Drehmomentwandler und folgenden Gangstufen: I. 2,45:1; II. 1,45:1; III. 1:1; R. 2,20:1. Der 1984 eingeführte AMC-Vierzylinder kann dagegen nicht mit dem TorqueFlite gekoppelt werden.
Diese Regelung gilt auch 1987 weiter, als der Wrangler eingeführt wird. Nur der Sechszylinder (ab 1991: 4,0 Liter) ist mit Getriebeautomatik erhältlich. Erst zum Modelljahr 1994 bietet Jeep den Vierzylinder-YJ mit dem TorqueFlite 999 an, dessen Schaltvorgänge jetzt nicht mehr hydraulisch, sondern elektronisch gesteuert werden.

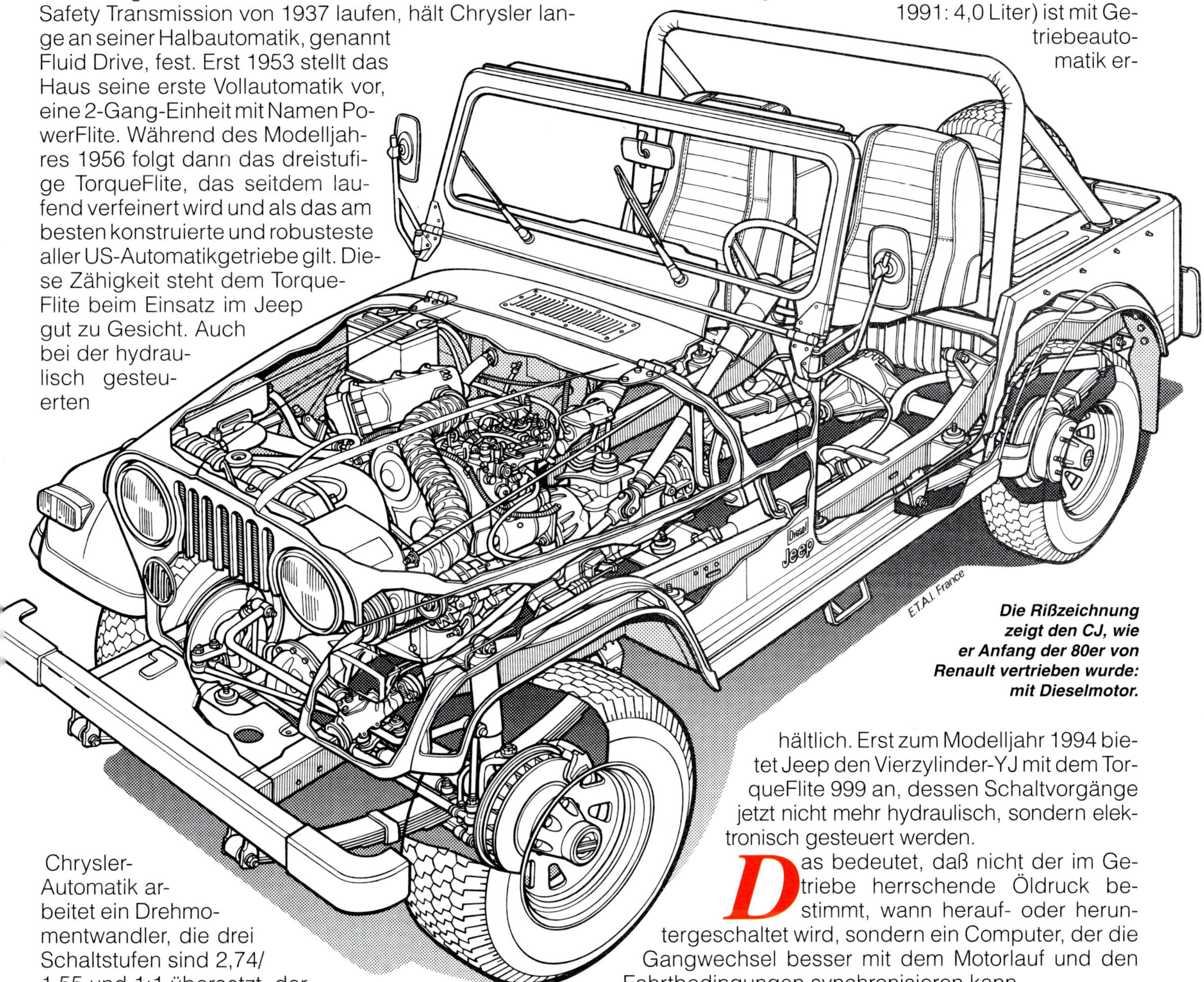

Die Rißzeichnung zeigt den CJ, wie er Anfang der 80er von Renault vertrieben wurde: mit Dieselmotor.

Das bedeutet, daß nicht der im Getriebe herrschende Öldruck bestimmt, wann herauf- oder heruntergeschaltet wird, sondern ein Computer, der die Gangwechsel besser mit dem Motorlauf und den Fahrtbedingungen synchronisieren kann.
Ein Jeep wäre kein Jeep ohne seinen Allradantrieb (obgleich die meisten Fahrzeuge der Marke immer auch in 2WD angeboten werden; hier sind natürlich nur die Allradversionen interessant). Während der meisten der vergangenen 56 Jahre sind die 4WD-Jeeps mit zuschaltbarem Allradantrieb ausgekommen und gut damit ge-

Tiefe Einblicke in das Innenleben des 87er Wrangler gewährt diese Graphik.

Allradantrieb

fahren. Das Spicer-18-Verteilergetriebe wirkt von 1945-71 bei allen CJs, von 1946-65 bei den Jeep Wagons und dem ersten Jeepster (1948-51) sowie von 1947-65 bei den Jeep Trucks. Das Getriebe hat zwei Gänge, einen direkt übersetzten (1:1) und einen Geländegang, der beim CJ 2,46:1, bei den Trucks 2,43:1 und beim Wagon bzw. Jeepster 2,42:1 ausgelegt ist. Schalt- und Verteilergetriebe haben eine gemeinsame Schmierung, das Öl zirkuliert durch beide Apparate. Das Spicer 18 kann mit einem Nebenantrieb versehen werden, mit dem Zusatzaggregate wie Winden oder Schneepflüge betrieben werden können.

1972 ersetzt das Dana-20-Verteilergetriebe das Spicer 18. Das robustere Dana wird mit dem Drehmoment der neuen AMC-Motoren besser fertig. Sein Geländegang ist 2,03:1 übersetzt. Das Dana 20 wird in den 1972-79er CJs und dem 1967-73er Jeepster/Commando eingebaut. 1980 wird es verdrängt durch das Dana-300-Verteilergetriebe mit 2,62er Geländegang, das bis zur Produktionseinstellung des CJ 1986 verwendet wird. Auch der CJ-8 bzw. Scrambler (1981-85) kommt in den Genuß des Dana 300.

Der Wrangler profitiert von den Entwicklungsarbeiten, die Jahre zuvor beim Cherokee geleistet wurden, auch bei der Zuteilung seines Allradantriebs. Der Wrangler übernimmt nämlich den Command-Trac-Allradantrieb mit New-Process-207-Verteilergetriebe von seinem Stallgefährten. Ganz im Sinne der technischen Vorgabe eines geländetauglichen Straßenfahrzeugs ist der Jeep-Fahrer im Wrangler in der Lage, den Allradantrieb während der Fahrt zu- oder abzuschalten („shift-on-the-fly"), was er beim CJ nur dann kann, wenn die Vorderradnaben vorher manuell verriegelt wurden. Es gibt die Schaltpositionen 2WD, 4WD High (Straßengang, direkt übersetzt), Neutral, und 4WD Low, womit der Gelände-

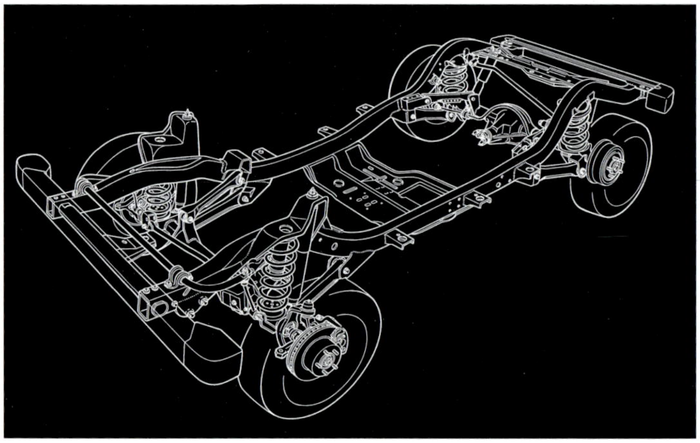

Der Rahmen des 97er Wrangler ist um 15% steifer als beim 96er.

gang (Übersetzung 2,60:1) gemeint ist. Seit 1991 kommt das New-Process-231-Verteilergetriebe zum Einsatz, das besser mit dem „High Output"-Sechszylinder harmoniert. Die Geländestufe ist beim neuen Getriebe im Verhältnis 2,72:1 übersetzt.

Zuletzt zum einzigen permanenten Allradantrieb, der sich in den Jeep-Modellen dieses Buches finden läßt, dem Quadra-Trac. AMC/Jeep erregt 1973 großes Aufsehen mit der Einführung dieses neuen, von Borg-Warner entwickelten Antriebssystems im Jeep Wagoneer und seinen Ablegern. Dieser erste permanente Allradantrieb in einem Jeep bedient sich dreier Sperrdifferentiale: Je eines sorgt an Vorder- und Hinterachse für die gleichmäßige Kraftübertragung auf die vier Räder; hinzu kommt jetzt aber ein drittes, in der Mitte des Antriebsstrangs montiertes Sperrdifferential, das die Motorkraft vom Getriebe durch eine Duplexkette erhält und je nach Straßenbedingungen per Konuskupplung proportional auf die beiden Antriebsachsen abgibt. Quadra-Trac hat neben seinem Straßengang zusätzlich einen Kriechgang für schwieriges Gelände, der 2,57:1 übersetzt ist. Der aufwendige neue Allradantrieb ist nur mit der THM-400-Getriebeautomatik kombinierbar und kann während des Angebotszeitraumes (1976-79) nur im CJ-7 geordert werden.

Fahrwerk

Sein Äußeres verleiht dem Jeep die unverwechselbare Identität, aber das, was man nicht sieht, also der Unterbau, sorgt für die Solidität und die Robustheit, für die der Jeep seit jeher bekannt ist. Das Fundament dieser Unerschütterlichkeit war und ist ein separater Rahmen, der im Urahn aller modernen Geländewagen noch immer die ultima ratio darstellt. Wie beim Willys MB kommt auch beim ersten Zivil-Jeep, dem CJ-2A, ein 3115 mm langer Leiterrahmen mit fünf Querstreben zum Einsatz. Auch der 1949 vorgestellte CJ-3A und der CJ-3B des Jahres 1953 verwenden den gleichen Rahmen mit identischen Dimensionen bis zur Einstellung ihrer Produktion nach 1965. Der 1954 eingeführte CJ-5 macht nur insofern eine Ausnahme, als daß sein Rahmen aufgrund seiner längeren Karosserie auf insgesamt 3262 mm gestreckt wird. Rahmenprofil und -querschnitt werden vom CJ-3B übernommen. Auch der CJ-6, der ab 1956 das Angebot ergänzt, bedient sich derselben Basis, lediglich eine erneute Verlängerung des Rahmens auf nunmehr 3770 mm ist erforderlich, um Radstand und Karosserieabmessungen des großen CJ angemessen unterzubringen.

Andere Nutznießer dieser Konstruktion sind die Jeep-

Das harte Blattfederfahrwerk des Wrangler erlaubt nur eine geringe Achsverschränkung.

Rahmenbedingungen des Jeep: Stabilität und Belastbarkeit

Ein Unterfahrschutz sichert die Unversehrtheit des Verteilergetriebes.

Trucks (1947-65) und -Wagons (1946-65) sowie der Jeepster der ersten Generation (1948-51); in diesen Fällen findet eine längere und breitere Version des CJ-Rahmens Verwendung, die außerdem eine höhere Wandstärke der Träger bietet. 1972 werden die Rahmen von CJ-5 und CJ-6 erstmals verändert. Eine Verlängerung wird notwendig, weil die neu ins Programm aufgenommenen AMC-Sechszylinder sonst nicht im CJ eingebaut werden könnten. Aus diesem Grund mißt der Rahmen des CJ-5 nun 3337 mm, der des CJ-6 3845 mm. Die Rahmenbreite (Außenabmessung von Längsträger zu Längsträger) beträgt wie gehabt 74,2 mm. Die Streckung des Rahmens macht es allerdings notwendig, einen sechsten Querträger zur Beibehaltung der Steifigkeit hinzuzufügen.

Diese Maßnahmen sind nicht von langer Dauer, denn Jeep nimmt die Ablösung des CJ-6 durch den CJ-7 zum Modelljahr 1976 zum Anlaß, beiden CJs einen neukonstruierten Rahmen zu verpassen. Das neue Chassis brilliert mit gesteigerter Verwindungsfestigkeit und Tragkraft dank einer höheren Wandstärke der Träger und der Verwendung geschlossener Rahmenprofile, die sich fast über die ganze Wagenlänge erstrecken (bereits ein Jahr später wird der Rahmen komplett geschlossen). Als Besonderheit ist noch zu erwähnen, daß sich der Rahmenquerschnitt zum Fahrzeugheck hin vergrößert. Außerdem werden die Querträger verstärkt und ein Unterfahrschutz für Motor, Getriebe und Verteilergetriebe, der sich über die ganze Wagenunterseite zieht, wird in den Rahmen integriert. Diese Konstruktion wird bis zum Ende der Bauzeit des CJ beibehalten.

Auch der CJ-Nachfolger Wrangler übernimmt das Konzept des separaten Rahmens, allerdings ist man hier vom variablen zugunsten eines konstanten Querschnitts wieder abgekommen. Der Wrangler-Rahmen kommt mit weniger, dafür aber breiteren Querträgern aus. Beim aktuellen Modell ist die Wandstärke der Träger um 25% vergrößert worden, wodurch eine um 15% gesteigerte Torsions- sowie eine um 30% höhere Biegefestigkeit erreicht werden soll.

Bemerkenswerte Konstanz zeigt der Jeep auch beim Fahrwerksdesign. Von Anbeginn ihrer Existenz bis heute ruhen CJs, Wranglers, Trucks, Wagons und Jeepsters durchgehend auf starren Vorder- und Hinterachsen, die erst beim 97er Wrangler an Schraubenfedern aufgehängt sind, während all die Jahre zuvor immer und ausschließlich Blattfedern benutzt werden - eine Fahrwerkskonstruktion, die noch auf die Tage der Pferdekutsche zurückgeht. Der CJ-2A und seine militärischen Vorläufer verwenden eine Spicer-25-Vorder- sowie eine Spicer-23-2-Hinterachse (ab Modelljahr 1946: Spicer-41-2-Hinterachse) mit Monroe-Blattfedern, die an der Vorderachse zehn, an der Hinterachse neun Federblätter aufweisen. Die Federn der Hinterachse sind länger und haben eine weichere Kennung als die der Vorderachse. Auf Wunsch können beide Achsen mit Heavy-Duty-Federn versehen werden, deren Blätter dicker und/oder zahlreicher sind und die deshalb eine höhere Deflektionsrate aufweisen.

Die Achskonstruktion des 1987-96er Wrangler stammt aus den Tagen des Kutschbaus.

Stoßdämpfer an beiden Achsen gehören gleichfalls zum Fahrwerksaufbau. Die Jeep-Wagons und der Jeepster arbeiten während ihrer gesamten Bauzeit mit den gleichen Komponenten, wenngleich auch andere Federtypen und -kennungen benutzt werden; die Trucks haben eine Timken-51540-Hinterachse, die den Belastungen eines Lkw besser gerecht wird. Die einheitliche Standard-Achsübersetzung aller Modelle dieser Jahre ist 5,38:1, bei den Trucks sind 4,88 und 6,17:1 auf Wunsch zu haben, bei den Wagons und dem Jeepster wird die 4,88er Achse ab 1954 Serienausstattung, die 5,38er optional.

Im Verlauf der Modellentwicklung kommen beim CJ immer wieder einmal neue Starrachstypen und Blattfederausführungen verschiedener Hersteller zum Einsatz, die den geänderten Anforderungen in puncto Tragkraft angepaßt sind. CJ-3A/-3B/5/5A/6/6A werden z.B. ab 1949 mit der belastbareren Spicer-44-2-Hinterachse versehen. 1970 weicht bei den verbliebenen CJs die Spicer-25-Vorderachse einer Spicer-27-AF mit einer Tragkraft von 908 kg; die Hinterachse ist für 1135 kg zugelassen. Die Achsübersetzungen variieren je nach Motor und Getriebe des jeweiligen Jeeps zwischen 3,73 und 5,38:1. Ab 1972 werden Dana-Achsen eingebaut, vorne Dana 30 (Tragkraft 1044 kg), hinten Dana 44 (Tragkraft 1362 kg). Der Einbau stärkerer Motoren von AMC erlaubt nun auch die Verwendung längerer Achsübersetzungen, die das allgemeine Drehzahlniveau senken und die Maschinen schonen. So ist beispielsweise der 2,5-Liter-Vierzylinder des Modelljahres 1980 3,54:1 übersetzt, Sechszylinder und V8 bringen ihre Kraft serienmäßig über eine 3,07er Achse auf die Straße. Optional stehen eine 4,09er Achse für den Vierzylinder und die 3,54er Achse für Sechszylinder und V8 zur Wahl.

Allzu spitze Hügelkuppen mag der Wrangler nicht. Seine Bodenfreiheit beträgt an den Achsen etwa 20 cm, in der Wagenmitte liegt der Wert bei ca. 24 cm. Aus diesem Grunde sind „skid plates", sprich ein Unterfahrschutz, für den Geländeeinsatz unabdingbar.

Der Wrangler gibt sich gegenüber den bis zum Schluß fahrwerksmäßig unveränderten CJs etwas verfeinert, denn bei ihm steht bekanntlich der Cherokee Pate. Zwar bleibt der grundsätzliche Aufbau mit Starrachse und Blattfedern bestehen, aber der Wrangler übernimmt die Dana-30-Vorderachse und die Dana-35-C-Hinterachse des Cherokee. Beide Achsen sind an Hotchkiss-Federn aufgehängt, haben eine Tragkraft von 998 bzw. 1225 kg und werden von Teleskop-Stoßdämpfern in ihren Schwingungen gebremst. Wird die optionale „Off-Road

Package" geordert, ersetzen Fichtel & Sachs-Gasdruckstoßdämpfer die konventionellen Einheiten. Eine Neuheit beim Wrangler ist der ebenfalls vom Cherokee übernommene vordere Querstabilisator, auf den die CJs noch verzichten mußten. Längslenker (track bars) dienen vorne und hinten der verbesserten Achsführung. Der Wrangler mit Vierzylindermotor erhält eine 4,11er Achse, die Sechszylinderausführung dagegen ist 3,08:1 übersetzt (3,55:1 auf Wunsch). Für die Hinterachse kann gegen Aufpreis das Trac-Loc-Sperrdifferential bestellt werden, Preis 1991: $ 218.

Der 97er Wrangler bricht fahrwerksseitig mit der Vergangenheit. Er arbeitet mit dem im Luxus-Jeep Grand Cherokee bewährten Quadra-Coil-System, bei dem an beiden (nach wie vor starren) Achsen Schrauben- an die Stelle der Blattfedern treten. Chrysler/Jeep verspricht für den neuesten Wrangler eine komfortablere und dabei sicherere Straßenlage dank exakterer Achsführung bei gleichzeitiger Verbesserung der Off-Road-Eigenschaften, etwa bei der Achsverschränkung. Beim 97er Modell kommen Querstabilisatoren an Vorder-und Hinterachse vor, wobei der Stabilisator vorne oberhalb des Rahmens vor dem Kühlergrill montiert ist, während der Heckstabilisator oberhalb des Achsgehäuses Platz findet. Auf diese Weise soll dem Wrangler ermöglicht werden, steile Böschungswinkel anzugehen, ohne daß die Stabilisatoren beschädigt werden. Die Achsführung wird auch hier durch nahezu horizontal eingebaute Längslenker verbessert.

Auch in Sachen Lenkung geben sich die Jeeps recht konventionell, wenngleich einer der beiden ersten Prototypen des „Quad", den Willys im Jahre 1940 den US-Militärs vorstellte, mit Allradlenkung ausgerüstet war, ein Konzept, das dann aus technischen und finanziellen Gründen doch nicht weiterverfolgt wurde. MBs und CJ-2As werden mit Hilfe einer Ross-T-12-Schneckenlenkung gesteuert, die bis 1960 14-12:1 übersetzt ist, danach 17,9:1, beim 1966 eingeführten „Dauntless"-V6 gar 24,3:1. Vergleichbare Systeme finden sich in den Jeep-Trucks (hier mit variabler Übersetzung), den Jeep-Wagons und dem 1948-51er Jeepster, wo eine Übersetzung von 26:1 verwendet wird. Diese langen Übersetzungen sind notwendig, um die relativ schweren Jeeps ohne Servolenkung steuern zu können, obwohl dadurch die Lenkung sehr indirekt wird und vergleichsweise viele Umdrehungen von Anschlag zu Anschlag nötig sind, beim 1967-71er Jeepster/Commando z.B. sind es viereinhalb. 1972 werden CJ und Jeepster auf eine modernere Kugelumlauflenkung umgestellt (Übersetzung 24,1:1); gleichzeitig kommt erstmals eine Servolenkung auf die CJ-Aufpreisliste (beim Jeepster gibt es sie bereits 1970). Beide Systeme stammen von der General-Motors-Tochter Saginaw, wobei die Servolenkung 17,5:1 übersetzt ist und $ 148 kostet. Auch der Wrangler übernimmt diesen Aufbau. Bei ihm sind ohne Servolenkung 5,25 und mit Servolenkung vier Umdrehungen des Lenkrades nötig, um die Räder von einer zur anderen Seite vollständig einzuschlagen. Beim neuesten Wrangler ist Servolenkung Standard in den Serien Sport und Sahara, während das Basismodell SE gegen Aufpreis damit zu erwerben ist.

Für die Verzögerung der diversen Jeeps sorgen lange Zeit hydraulisch aktivierte Trommelbremsen an beiden Achsen. Bei den Modellen CJ-2A/3A/3B/5/6 von 1945-63 sind die Trommeln 44,4 mm breit und haben einen Durchmesser von 228 mm; Trucks, Wagons und Jeepster verwenden während ihrer gesamten Bauzeit 50,8 mm breite Trommeln mit 279 mm Durchmesser. 1964 werden die CJ-Modelle 5A und 6A, auch unter der Bezeichnung Tuxedo Park bekannt, mit 254-mm-Trommeln versehen (die Breite bleibt gleich). Diese größeren Trommeln werden ab 1966 Serienstandard bei allen CJs und ab 1967 beim Jeepster/Commando. Letzterer behält diesen

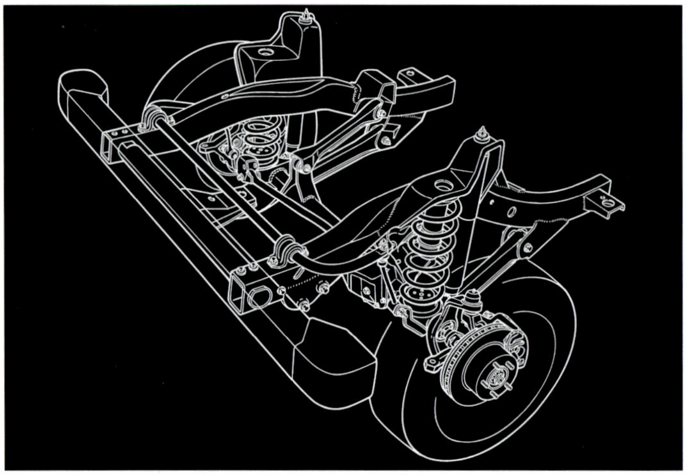

Der 97er Wrangler übernimmt die Fahrwerksauslegung des Jeep Grand Cherokee. Vorderachse...

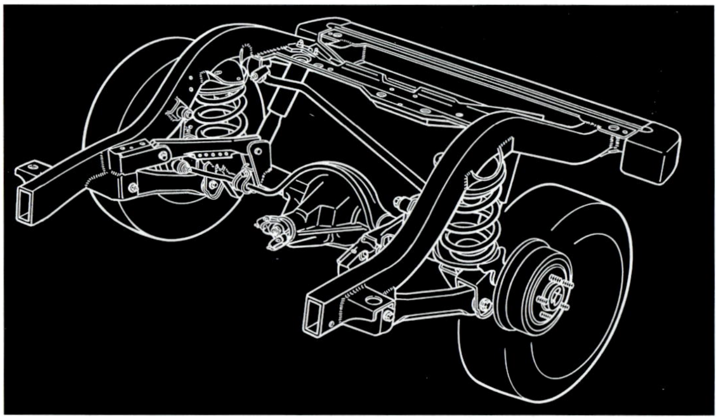

...und Hinterachse sind jetzt an Schraubenfedern aufgehängt.

Bremstyp bis einschließlich 1973. Ein Bremskraftverstärker wird 1966 zum ersten Mal auf Wunsch im CJ angeboten, 1967 folgt der Jeepster (nur für V6-, 1972-73 nur für V8-Modelle).
Die CJs werden 1972 bremsmäßig aufgerüstet: nun gibt es für alle Versionen Trommeln mit 279 mm Durchmesser und 50,8 mm Breite (wie vordem bei den Trucks und Wagons). Der Bremskraftverstärker kostet in diesem Jahr $ 46 Aufpreis. Scheibenbremsen an den Vorderrädern werden ab 1976 angeboten, in jenem Jahr nur mit Bremskraftverstärker und nur für V8-CJs; ab 1977 sind die Scheibenbremsen mit 304,8 mm Durchmesser in allen CJs mit oder ohne Bremskraftverstärker zu haben. Die Trommeln an den Hinterrädern bleiben unverändert. Abweichend vom CJ-5 bzw. CJ-7 ist der CJ-8/Scrambler während seiner gesamten Bauzeit serienmäßig mit vorderen Scheibenbremsen (Durchmesser: 264 mm) ausgerüstet. Seine hinteren Trommelbremsen sind 254 mm im Durchmesser und 44,4 mm breit. Ein Bremskraftverstärker ist aufpreispflichtig.

Wenn der Jeep zum Bremser wird

Erst beim Wrangler werden vordere innenbelüftete Scheibenbremsen und Bremskraftverstärker zur Serienausstattung. Die Scheiben haben einen Durchmesser von 280 mm, die hinteren Trommeln 250 mm bei einer Breite von 45 mm. Ab Modelljahr 1993 messen die hinteren Trommeln 229 mm bzw. 64 mm. Ebenfalls 1993 gibt ein Allrad-Antiblockiersystem seinen Einstand. Es ist gegen Aufpreis in allen Wranglers mit der 4,0-Liter-Sechszylindermaschine zu haben.

Zuletzt zum Thema Räder und Reifen. Natürlich sind Jeeps beim Militär, aber auch im Zivilbereich, mit allen möglichen Rädern und Reifen ausgestattet worden, die aus Platzgründen nicht alle aufgelistet werden können. Hier daher nur ein Überblick über die werksseitige Ausrüstung der Jeeps aus unserem Themenbereich. Der CJ-2A benutzt 6 x 16-Reifen auf Stahlrädern der Größe 16 x 4.50. 7 x 15-Reifen auf dazu passenden Rädern werden ab Werk zusätzlich angeboten. Das gleiche gilt auch für CJ-3A/-3B/5/6. Der 1964/65er Tuxedo Park rollt auf 7.35 x 15 Highway Service Treads, die ab 1966 für alle V6-Modelle serienmäßig übernommen werden. Die Jeep-Trucks (1947-65) arbeiten mit 16 x 5-Rädern und 7 x 16-Reifen, bei Wagons (1946-65) und Jeepster (1948-51) sind es 15 x 6K-Räder und 6.50 x 15-Reifen.
1972 kommen alle CJs mit einer Standardbereifung der Größe E78 x 15B Suburbanite Polyglas auf 15 x 6L-Stahlrädern daher; der CJ-5 mit Renegade-Paket verwendet dagegen American Racing-Aluflegen und H78 x 15-Reifen. Ab 1976 sind bei allen CJs F78 x 15B-Gummis angesagt, die verfügbaren Optionen sind 15 x 8-Räder und Reifen der Größen H78 x 15 und HR78 x 15 in verschiedenen Ausführungen. Die 1977 vorgestellte Golden Eagle Package verwendet 15 x 8-Räder und 9 x 15-Reifen Marke Goodyear Tracker; beim Renegade kommen ab jenem Jahr 9 x 15 Goodyear Tracker All Terrain zum Einsatz. H78 Suburbanite XG sind die Serienreifen aller CJs im Jahre 1978, ab 1982 G78 Suburbanite XG; 10R-15 Wrangler OWL und L78 x 15 Tracker PG Polyglas sind aufpreispflichtig. Der endgültige Schritt vom Bias-Belted- zum serienmäßigen Stahlgürtelreifen folgt 1984: 205/75R15-Arriva-Reifen für das Basismodell des CJ-7, 235/75R15B Wrangler für den Renegade. Beide werden auf 15 x 6L-Stahlrädern montiert.
Der 1967er Jeepster hat 15 x 5.5K-Felgen und 7.35 x 15-Reifen, 8.45 x 15 Goodyear Power Cushion oder Suburbanite Mud and Snow stehen auf der Aufpreisliste. Ab 1972 gibt es 15 x 6K-Felgen, 1973 sind F78 x 15B Power Cushion die Serienreifen. Der 1981-85er CJ-8/Scrambler hat 15 x 5,5-Räder und H78 x 15B-Reifen serienmäßig, 15 x 7-Felgen und Reifen der Größen L78 x 15 Goodyear Tracker P/G OWL, 9 x 15 sowie P235/75R15 sind optional.
Der 1987-90er Wrangler läuft auf 15 x 7-Felgen und P215/75R15-RBL-Reifen, 225/75R15 gibt es auf Wunsch. Ab 1991 benutzen nur noch Wrangler Base und Islander die siebenzölligen Räder, der Wrangler S hat sechszöllige Felgen, ebenso wie P205/75R15-Serienreifen. Wird der Wrangler Renegade geordert, so gehören 15 x 8-Aluminiumräder und 29 x 9.6R15LT-OWL-All-Terrain-Reifen zum Ausstattungsumfang. Beim 97er Wrangler schließlich stellt sich das Lineup folgendermaßen dar: Wrangler SE: 15 x 6-Stahlräder, P205/75R15-A/T-Reifen; Wrangler Sport: 15 x 7-Stahlräder, P215/75R15-A/T-Reifen; Wrangler Sahara: 15 x 7-Aluräder, P225/75R15-OWL-A/T-Reifen.

Passend zum Wagen: Goodyear Wrangler in diversen 15-Zoll-Größen.

Jeeps im OFF ROAD Test

Ride On

OFF ROAD und Jeeps sind praktisch ein Synonym. Kaum ein anderes Fabrikat ist im Laufe der Jahre so oft und so gründlich getestet worden wie Wrangler, CJ und Konsorten. Kaum ein anderes Fabrikat hat die harten OFF-ROAD-Testprozeduren immer wieder mit solcher Bravour überstanden. In den Händen der respektlosen Kollegen kamen die jeep-typischen Qualitäten immer wieder zum Vorschein, wie folgende Auszüge aus dem geballten Erfahrungsschatz der OFF ROADer beweisen werden.

Cowboy

Im November 1978, als OFF ROAD selbst noch in den Kinderschuhen steckte, wurde erstmals ein Jeep in die Test-Mangel genommen. Das Objekt der Neugierde des OFF ROADers war ein zeitgenössischer CJ-7, der Erinnerungen an des Kollegen Kindertage aufkeimen ließ: „So gut dreißig Jahre sind's schon her, daß es zur Tagesordnung zählte, wenn die Amis mit ihren Jeeps durch deutsche Dörfer und Städte kutschierten und den Kindern freundlich grinsend Kaugummi und Schokolade zuwarfen. Wenn ich mich recht erinnere, habe ich damals auch einiges aufgefangen. Und nun sitze ich selbst in so einem Jeep und werfe überlegene Blicke um mich - meist leicht nach unten, denn man thront in dem Ding geradezu wie in einem Hochsitz. Der Verkehr drumherum macht einen erfreulich distanzierten Eindruck. Weil im Inneren des Jeep-Piloten eine unüberhörbar kräftige Stimme tönt: „Jetzt soll mir mal einer…"

Vor allem der Wrangler wurde von OFF ROAD schwerpunktmäßig getestet, hier ein 91er.

Nach einer eher gefühlsmäßigen Einleitung geht der Tester dann doch an das Eingemachte des CJ-7, der übrigens mit dem 4,2-Liter-Sechszylinder mit 115 PS und dem serienmäßigen Dreigang-Schaltgetriebe ausgestattet ist. „Auf der Straße, zwischen Opels und Fords, nimmt sich der Jeep sehr imposant aus, jedoch ist er da natürlich nicht in seinem Element. Man vermag ihn zwar ganz ordentlich zu fahren, aber der (auch unsinnige) Vergleich

Die Wasserdurchfahrt ist ein typischer Knackpunkt in jedem Test; diesem 93er Wrangler 2,5 machte sie nichts aus.

mit dem normalen Alltagsauto fällt doch recht schwer. Die dicken Reifen rumoren, die Insassen werden permanent kräftig durchgeschüttelt, und mit dem sauberen Geradeauslauf hat der Fahrer zunächst ebenfalls Probleme, was bei Modellen mit Servolenkung noch verstärkt wird. Doch mit einem gerüttelt Maß an Geduld und Gefühl bekommt man den Jeep dann sehr schnell in den Griff - wie einen Gaul, der erst einmal eingeritten werden muß...Der CJ-7 macht, wird er voll getreten, gut und gerne 135 Sachen - aber dann fühlt man sich wie Münchhausen auf der Kanonenkugel. Das Faltverdeck produziert die tollsten Windgeräusche - es klingt, als fahre man durch einen Hagelschauer nach dem anderen..."

978-80: Beginn einer wun- lerbaren Freundschaft zwi- schen CJ und OFF ROAD

Besonders beeindruckt ist der Kollege vom Benzinkonsum des mit 1880 kg nicht gerade leichten Jeeps: „Ein Spritverbrauch um die 25 Liter herum liegt durchaus im Bereich des Normalen, je nach Gegenwind und Gasfußanantomie des Mannes (oder natürlich auch der Frau) hinter dem Volant. Allein wer sich vorsichtig in amerikanischen Geschwindigkeitssphären um die 55 Meilen (ca. 80 bis 90 km/h) bewegt, dem dürfte es gelingen, den Durst des Jeep auf einen Konsum von rund 15 Liter Normalbenzin zu reduzieren." *Erst im Gelände zeigt der Jeep so richtig, was er kann:* „Mit der Servolenkung bleibt der Jeep selbst in schwierigsten Situationen spielend beherrschbar, und die Elastizität des Motors ist die wahre Freude - hier wirkt sich auch speziell das Dreiganggetriebe positiv aus. Im 2. Gang beispielsweise, bei Benutzung der kleinsten Untersetzung, zieht das amerikanische Kraftpaket geradezu mühelos seine Bahn, auch wenn sich der Untergrund noch so wellig, schlammig und hindernisreich präsentiert...So gesehen könnte ich direkt Gefallen daran finden, daß mein Schreibtisch mitten in der miesesten, gottverlassensten Kiesgrube Deutschlands stünde und ich ihn nur mit dem Jeep erreichen könnte. Das würde garantiert mehr Spaß machen, als sich jeden Tag durch den Stadtverkehr zu wühlen."

Derart positive Geländeeigenschaften führen den OFF ROADer schließlich zu folgendem Fazit: „Er hat schon ziemlich viel automobilen Sex-Appeal, so ein „Renegade" oder „Golden Eagle" und ich habe mich richtig in dieses urige Gefährt verliebt. Doch leider gibt's bei uns viel zu viel gute Straßen..."

„Zurück zum Ursprung" betitelte ein anderer Kollege im März-Heft des Jahres 1980 seinen Test eines CJ-7, weil der, wie der allererste Jeep, mit einem Vierzylindermotor ausgestattet war, in diesem Fall mit einem 2,5-Liter-

Bei OFF ROAD wurde der CJ nicht weniger hart rangenommen als bei diesem US-Trial.

Aggregat. „2,5 Liter Hubraum auf vier Töpfe verteilt produzieren 64kW/87 PS bei 4200 U/min. Das maximale Drehmoment von 169,4 Nm/17,26 mkg stellt sich bei 2800 U/min ein. Das ist eine hohe Drehzahl für ein Geländefahrzeug, denn im 1. Gang (mit Geländestufe des Zwischengetriebes) läuft der Wagen bei dieser Drehzahl rund 10 km/h. Und das ist uns allen zu schnell. Aber gemach, die Drehmomentkurve verläuft schön flach und selbst bei halber Geländegeschwindigkeit (5 km/h) gibt der Motor noch satte 16,58 mkg (1400 U/min) ab. Dabei haben Sie dann an jedem Rad ein stattliches Drehmoment von 155,53 mkg." *Der getestete 80er CJ-7 hat ein Viergang-Schaltgetriebe und eine Achsuntersetzung von 4,10:1. Für die Geländetauglichkeit ist das von großer Bedeutung:* „Dieser Jeep mit dem Vierzylindermotor ist ein Paradebeispiel dafür, daß bei einem Fahrzeug im Gelände die Mo-

Dieser 93er Wrangler hat innige Bekanntschaft mit Mutter Erde geschlossen, wie der verschlammte Vierliter beweist.

torleistung bei weitem nicht so wichtig ist wie die richtigen Untersetzungen in Getriebe, Zwischengetriebe und Achsen. Stellen wir uns vor, der selbe schöne, neue Vierzylindermotor säße in einem Jeep, der das vorjährige Zwischengetriebe und die 3,54er (Standard-) Achsen hätte: dann rutschte die schöne Drehkraft von 155,53 mkg auf schwächliche 91,65 mkg runter. Und schlimmer noch: diese reduzierte Drehkraft stünde nicht etwa bei 5 km/h Kriechgeschwindigkeit zur Verfügung, sondern beim höheren Tempo von rund 9 km/h."

Jeep-Fahren macht Spaß, auch mit einem Pontiac-Vierzylinder unter der kurzen Haube

Zeit, etwas über den neuen Vierzylinder zu berichten, der zum ersten Mal seit 1971 wieder einen Jeep antreibt: „Zum neuen Motor ist noch zu sagen, daß er mit 76,2 mm Hub bei einer Bohrung von 101,6 mm ausgesprochen kurzhubig ist. Das ergibt niedrige Kolbengeschwindigkeiten: nur 10,66 Meter pro Sekunde bei 4200 U/min. Das entspricht einer Fahrgeschwindigkeit von 142 km/h, ein Tempo, das allenfalls bei gelegentlichen Gefällstrecken auf der Autobahn erreicht wird." *Die tatsächlich gemessene Höchstgeschwindigkeit lag bei 126,2 km/h.* „Die Jeep-Leute nennen den neuen Vierzylinder Hurricane, gleichsam zur Erinnerung an ihr längst verblichenes Aggregat. Tatsächlich hörte der jetzige Motor bei seiner Geburt auf den Namen Iron Duke, eiserner Herzog. Und seine Wiege stand nicht bei der Jeep Corporation, sondern beim Autoriesen General Motors. Richtig so. Bei den relativ kleinen Bauserien, die Geländefahrzeuge erreichen, wäre es sinnlos, wenn jeder seine eigenen Motoren entwickelte und baute. Die Mehrkosten müßten Sie und ich bezahlen."

Auch mit seinen Erkenntnissen in Sachen Geländetauglichkeit hielt der Autor des Tests nicht hinter dem Berg: „Wer ernsthaft, häufig und ausdauernd im Gelände fährt, muß zumindest das Fahrergestühl gegen einen Sportsitz mit gutem Seitenhalt austauschen. Sonst sitzen Sie bei rauhen Steilstrecken häufig zwischen den Sitzen und ziehen sich immer wieder am Lenkrad auf das glatte Stühlchen mit der kurzen, starren Rückenlehne hoch...Abgesehen von den für's Gelände ungeeigneten Sitzen ist der *(motorseitig)* kleinste Jeep ein Auto, mit dem Sie vom Händlerhof weg selbst an schwierigste Passagen herangehen können...Das serienmäßige, selbstsperrende Differential ist zwar einer formschlüssigen, 100%igen Differential-

sperre in der Wirkung unterlegen und zudem nicht verschleißfest, aber immerhin können Sie sich damit in Gebiete vorwagen, in denen Sie mit anderen serienmäßigen Fourwheelern stranden. Im Gelände zeigt sich der Vierzylinder den stärkeren Jeepbrüdern völlig ebenbürtig, wenn nicht gelegentlich sogar überlegen, dank geringerem Gewicht über der Vorderachse."

Das Messen der Achsverschränkung gehört zu den Standard-Tests der OFF ROADer, auch beim 93er Jeep.

Zuletzt stellt der Tester einen Vergleich zwischen dem Vierzylinder- und dem PS- und drehmomentstärkeren Sechszylinder-Jeep an, der vor allem im Straßeneinsatz Unterschiede deutlich macht: „Und wenn diese Unterschiede im Gelände kaum etwas bedeuten, dann haben Sie es auf der Straße mit zwei verschiedenen Fahrzeugen zu tun. Der Vierer läuft 126,2 km/h Spitze. Der Sechser ist über 10 km/h schneller und leiser... Das bedeutet im Alltagsbetrieb, daß Sie im Sechszylinder-CJ mit 5-6 Litern Mehrverbrauch pro 100 km rechnen müssen... Und nun ist Ihre Entscheidung ganz leicht. Wollen Sie alle 100 km um die sechs Mark sparen und dazu noch rund 250 Mark Kfz-Steuer pro Jahr und individuell unterschiedliche Beträge in der Versicherung, dann ist der Vierer der Jeep für Sie. Geht Ihnen Kraft vor mehr Sparen, kaufen Sie sich ohne jede Mark Aufpreis den Sechszylinder-Jeep."

Trotz einer angegebenen Wattiefe von 600 mm konnte dem Wrangler schnell mal die Luft ausgehen.

Noch im selben Jahr 1980 nahm derselbe OFF ROADer einen weiteren CJ-7 unter die Lupe, diesmal eine Ausführung mit japanischem Dieselmotor, das Ergebnis einer „Amerikanisch-japanischen Koalition": „Das kann sich jeder ausrechnen: Ein Auto, das fast 1,5 Tonnen wiegt und zum Bewegen dieser Masse nur 60 Pferde zur Verfügung hat, ein solches Auto kann nicht viel Spaß machen... Solche auf meßbaren Fakten fest ruhenden Voraus-Urteile entpuppen sich gelegentlich als Vorurteile, die genauso kurze Beine haben wie Lügen... Im Gelände zählen nicht die unzähligen Pferde. Da zählt die Getriebe-Abstufung und somit das Drehmoment, das an den Rädern zur Verfügung steht. Da zählt die Traktion der Reifen. Und eh ich merkte, was mir geschah, da zuckelte der Diesel-Jeep auch schon hinter einem Mercedes 280 GE einher, der souverän mit Michelin XCL bereift war. Landauf, landab, Schlammloch-rein, Schlammloch-raus. Immer schön Schritt für Schritt... Daß der Diesel-Jeep das alles kann, verdankt er seinem tief runterreichenden 1. Gang (3,82:1), der neuen Geländeuntersetzung im Verteilergetriebe (2,62:1, bisher 2,0:1) und seiner kurzen Achsuntersetzung (4,10:1). So kommen dann bei 2000 U/min des Motors und einer Kriechgeschwindigkeit von 6,75 km/h stattliche 158 mkg Drehmoment an jedes Rad. Und

Beim OFF-ROAD-Test dürfen auch praktische Aspekte wie z.B. die Laderaumgröße nicht fehlen.

dabei spielt es keine Rolle, daß dabei nur noch 47 PS im Motor werkeln."

Doch die Stunde der Wahrheit naht für den Diesel-CJ auf dem Asphalt: „Auf der Straße heißt Ihr wichtigster Beifahrer im Diesel-Jeep: Geduld. Selbst auf der Autobahn sind 90 km/h schon ein guter Stundenschnitt. Jetzt brauchen Sie vom Motor nicht Drehmoment, sondern PS. Und seine 60 Pferde läßt er eben nur bei 3400 U/min frei, bei einer Drehzahl übrigens, die im IV. Gang exakt der Höchstgeschwindigkeit von 114,9 km/h entspricht. Bei geschlossenem Verdeck, versteht sich. Offen gefahren kommt der Diesel nicht über 107 km/h hinaus...Dieser Motor, der Ihnen im Gelände so viel Spaß macht, natürlich auch wegen seiner Unempfindlichkeit gegen Spritzwasser, wird von der japanischen Firma Isuzu gebaut, einem Unternehmen, an dem der US-Autoriese General Motors zu einem Drittel beteiligt ist...Auch beim Beschleunigen müssen Sie sich viel Zeit nehmen. Aus dem Stand bis 100 km/h vergehen 39 Sekunden."

Wer langsam fährt, kommt auch ans Ziel: 1980er CJ-7 mit sparsamem Isuzu Diesel

„Der Verbrauch ist die Schokoladenseite des CJ-Diesel. Das gilt für Landstraße, Autobahn, Stadtverkehr und Gelände gleichermaßen. Hundert Kilometer Stadtfahrt mit neun Litern sind bei 1,5 to Eigengewicht zwar fast ein Wunder, aber nicht die Ausnahme...Bei einem Autobahnschnitt von 100 km/h liefen 10,2 Liter Dieselkraftstoff pro 100 Kilometer durch die japanische Kiki-Einspritzpumpe...Selbst unter Vollast, beim Messen der Beschleunigung und der Höchstgeschwindigkeit, blieb der Diesel-Jeep ganz ungewöhnlich und entgegen allen Diesel-Erfahrungen mit 12,1 Litern auf 100 Kilometer genügsam."

Der 1981 vorgestellte Jeep CJ-8, ein Pickup mit dem Namen Scrambler, entging selbstredend seinem Schicksal nicht und wurde in der Juli-Ausgabe des Jahres 1982 den OFF-ROAD-Lesern vorgestellt unter dem schnörkellosen Titel „Ein Jeep für zwei und viel Fracht": „Von vorn ist der CJ-8 hundertprozentig Jeep. Von der Seite ist er gewöhnungsbedürftig, sagen wir's mal so. Und von hinten ist er ganz eindeutig ein Pickup, mit einer Ladefläche, die die Transportvorstellungen bisheriger CJ-Fahrer deutlich sprengt. Allerdings ist die Ladepritsche auch nicht lang genug, um etwa eine Enduro-Maschine hinaus in die Natur zu nehmen."

Der Schritt zum CJ-8 war so groß nicht, wenigstens nicht so groß wie vom CJ-7 aus gemessen. Es gab schon immer einen CJ mit 2,63 Metern Radstand, den CJ-6. Er wurde im selben Jahr eingeführt wie der CJ-5, nämlich 1955, vor 27 Jahren. Er kam allerdings nicht als Pickup daher, sondern als offenes Fahrzeug mit einem durchgehenden Planverdeck...Seit 1975 wurde er nicht mehr in den USA, sondern nur noch in den Ländern der Dritten Welt verkauft. Nach Europa kamen nur wenige Exemplare. Die Produktion des CJ-6 lief aus, als im Sommer 1981 der CJ-8 auf den Markt kam. Jeder Jeep-Fahrer fühlt sich im CJ-8 sofort zu Hause, denn seine Hände greifen automatisch dorthin, wohin sie schon seit Jahren geriffen haben. Die Scheibenwischer haben zwar zwei Geschwindigkeiten, aber keine Intervallschaltung. Bei Nieselre-

Immer voll hinein in den Modder jagten die OFF ROADer 1993 diesen 4.0; der Wrangler bewies, daß er mehr ist als ein Spielzeug für Großstadt-Cowboys.

gen gibt es weiterhin die ständige Vorbeuge zum Anschalten der Wischer, denn der Drehknopf ist nicht etwa an der Lenksäule, sondern weit vorn am Armaturenbrett. Auch um die elektrische Scheibenwaschanlage zur Arbeit zu veranlassen, neigen Sie sich vor und drücken auf den Drehschalter."

Die Beurteilung des Antriebs blieb nicht ohne kritische Anmerkungen: „Der Testwagen hatte das 4-Gang-Getriebe, dessen großer Gang mit 1:1 ausgelegt ist. Auf Wunsch gibt es jetzt das neue 5-Gang-Getriebe, dessen großer Gang mit 0,86:1 untersetzt ist. Das 5-Gang-Getriebe ist allerdings nur dann sinnvoll, wenn die Achsuntersetzung kürzer ist als etwa beim Testwagen. Die sehr lange Achsuntersetzung von 2,73:1 ließ selbst bei der Höchstgeschwindigkeit (134,2 km/h) den Motor mit nur 2600 U/min drehen, also weit unter der Drehzahl, bei der die Maschine ihre Höchstleistung von 111 PS abgibt (3400 U/min). Mit der auf Wunsch lieferbaren 3,31er-Achse käme die Maschine bei diesem Tempo auf eine sinnvollere Drehzahl von 3150 U/min. Und damit in den Bereich ihrer Höchstleistung...Der CJ-8 verbrauchte bei einem Autobahnschnitt von 110 km/h 14,6 Liter bei abgeschalteter Vorderachse und nicht gesperrten Vorderradnaben. Im Vierradantrieb, bei gleicher Reisegeschwindigkeit am selben Tag auf derselben Strecke bei gleichen Verkehrsverhältnissen gemessen, wurden 15,1 l/100 km verbraucht. Das ist ein Mehrverbrauch von 3,4 Prozent."

Die Kollegen fanden den Vierzylinder-Wrangler etwas schwächlich; ob eine Pferdestärke extra Abhilfe schafft?

Vertraut und doch anders:

Der 1982er CJ-8 Pickup

„Damit beweist auch der CJ-8, was bereits die anderen OFF-ROAD-Testfahrzeuge bewiesen haben: Wegen der minimalen Treibstoffersparnis (im Mittel aller Testwagen 3,5 Prozent) lohnt es nicht, die Vorteile des permanenten Vierradantriebs aufzugeben. Hier sind die amerikanischen Hersteller zweifellos den falschen Weg gegangen, als sie vor vier Jahren dem permanenten Allradantrieb adieu sagten. Lediglich die Jeep Corporation schwenkte nicht vollkommen auf diesen unglückseligen Trend ein, Cherokee und Wagoneer werden weiterhin auf Wunsch mit permanentem Vierradantrieb ausgerüstet. Der Weg, den Rover beim Range Rover wählte, macht mehr Sinn: Ohne den permanenten Vierradantrieb aufzugeben, wurde durch Modifizierung des Motors und des Untersetzungsverhältnisses im Zwischengetriebe der Benzinverbrauch um rund 20 Prozent gesenkt."

Der 4,2-Liter-Sechszylinder hingegen fand Gnade in den Augen des Testers: „Im Testwagen arbeitete der betagte Sechszylindermotor mit seitlicher Nockenwelle, der vor zwei Jahren eine Abmagerungskur durchmachte, die nicht nur rund 50 Kilo Gewicht einsparte, sondern auch zu erstaunlich besserer Ausnutzung des Treibstoffes führte. Der immerhin eineinhalb Tonnen schwere Pickup verbrauchte bei einem Landstraßenschnitt von 80 km/h nur 10,6 Liter, und die Verbräuche bei Autobahn-Reisegeschwindigkeiten bis zu 120 km/h halten sich in Grenzen. Im Bereich der Höchstgeschwindigkeit allerdings wird die 20-Liter-Grenze erreicht...Der Motor ist ein Muster an Laufruhe und Drehkraft. Sein maximales Drehmoment von 27,7 mkg gibt er bei 2000/min ab. Zum Vergleich der Sechszylinder-Einspritzer im *(Mercedes)* 280 GE: 23 mkg bei 4250/min.!"

Der Kollege schloß seinen Bericht mit kritischen Anmerkungen über die Firmenpolitik von AMC-Renault, die den CJ-8 dem deutschen Publikum gar nicht erst zugänglich machten, schon aufgrund des damals ungünstigen Dollarkurses von annähernd drei Mark und natürlich wegen der höheren Kraftstoffpreise in Deutschland. Obwohl die Franzosen einen CJ mit ihrem allseits bekannten 2,1-Liter-Vierzylinder-Diesel anboten, konnte er in Deutschland nur über den freien Import bezogen werden. Aus dieser Quelle stammte denn auch der CJ-7, den OFF ROAD im Mai 1984 unter dem Titel „Monsieur kommen aus USA" seinen Lesern vorstellte, wobei im Zusammenhang dieses Buches vor allem die Anmerkungen des Testers zum Motor von Interesse sind:

„Der Motor gehört zu denen unter den Dieseltriebwerken, die relativ ruhig und vibrationsarm ihre Arbeit tun. Auf der Straße kann man im ersten und zweiten Gang auch in hektischem Verkehrstreiben sorglos mithalten. Draußen auf der Landstraße stellen sich dann beim Dieseldriver die ersten Nackenhaare auf. Da vorne fährt ein Sattelschlepper. Er fährt satte achtzig, für solch ein Ungetüm ganz sicher eine Menge Holz. Wenn jedoch schon hundert erlaubt sind, warum soll nicht auch ein braver Diesel-Jeep so schnell von A nach B schippern dürfen, wie er es gerne möchte? Die Antwort ist einfach: Er kommt an dem Sattelschlepper mit achtzig kaum vorbei. Von Sprinten kann gar keine Rede sein, nur in langgezogenen Linkskurven mit einer Sicht von wenigstens zwei Kilometer wird der Überholvorgang zum einigermaßen gefahrenfreien Nervenkitzel. Im vierten Gang läßt sich's gemütlich reisen, nimmt man das Gas weg, regt sich einmal mehr der Wunsch nach zusätzlichen tausend Dieselkubikzentimetern. Besonders an kurzen, steileren oder an flachen, längeren Steigungen artet das Schalten zwischen den Gangstufen zwei, drei und vier für den Dieselkenner in Arbeit aus."

„Auch der Dieselfreund im Geländewagen muß erkennen, daß dieses Auto mit diesem Triebwerk untermotorisiert ist. Doch bekanntlich muß es Vorteile geben, wo aus Rücksicht auf gewisse Kompromisse innerhalb eines Produktgefüges Nachteile hingenommen werden, die es ja letztendlich wiederum als Vorteil zu verkaufen gilt. So gab sich der brave Franco-Amerikaner über eine Distanz von knapp zweitausend Kilometern mit einem durchschnittlichen Verbrauch von exakt zehn Litern Dieselkraftstoff zufrieden." *Das Fazit des Testers lautete daher:* „Dieser Renault-Jeep ist also etwas für weite Reisen, besonders für Leute mit unermüdlichem Sitzfleisch und einem ausgeprägten Selbstwertgefühl, denen es nichts ausmacht, wenn ihnen andere Verkehrsteilnehmer die Fäuste zeigen."

Da graut's dem Stadtmenschen, wenn die Kiesel den Lack zerkratzen und die Karosserie verbeulen. Bei einem realistischen Test ist so etwas aber unabdingbar.

Wie man sieht, haben die OFF ROADer den CJ jahrelang begleitet und immer wieder auf Herz und Nieren untersucht. Da nimmt es nicht wunder, daß auch sein Nachfolger, der Wrangler, zu den Favoriten der Kollegen wurde. Ein erster Fahrbericht erschien im August-Heft 1986, betitelt „Hi Wrangler" und machte die Leser mit den Eigenschaften des neuen Jeeps vertraut: „Breiter ist er geworden um die Hüften. Das liegt daran, daß man ihm die Achsen des Cherokee unters Blech geschnallt hat. Das vereinfacht zum einen natürlich die ganze Produktion und - viel wichtiger - verbessert Straßenlage und Fahreigenschaften viel nachhaltiger, als dies sechs (vorne) beziehungsweise etwas mehr als sieben Zentimeter (hinten) Spurverbreiterung vermuten lassen. Die Karosserie hingegen - dankenswerterweise hat man sich hier nicht von der allgemeinen Japanisierungswelle mitreißen lassen und die freistehenden Kotflügel mit der Schnauze verbügelt - wuchs nur um zwei Zentimeter in der Breite, der Rest wird von Kotflügelverbreiterungen aufgefangen. Radstand und Außenlänge entsprechen auf den Millimeter den Werten des CJ und so kommt es, daß man sich im Wrangler trotz des gewöhnungsbedürftigen Anblicks zahlloser Instrumente - fein säuberlich, Kästchen an Kästchen über die ganze Breite des Instrumententrägers verteilt - sogleich zu Hause und heimisch fühlt. Platz-, Sicht- und Sitzverhältnisse sind denen im CJ-7 mehr als ähnlich."

89er Wrangler im Doppelpack: Vergleichend getestet wurden zwei 4,2-Liter-Jeeps, einer mit Schaltgetriebe, der andere mit Automatik.

Nachdem der erste Eindruck gewonnen wurde, ging es dann ab auf die Piste: „Die Lenkung reagiert äußerst sensibel selbst auf minimale Korrekturen und arbeitet erstaunlich zielgenau. So genau, daß man zunächst immer etwas zu früh und etwas zu stark in Kurven einlenkt...Hat man sich einmal an die Servo-unterstützte Lenkung gewöhnt - und das geht bereits nach wenigen Kilometern - dann läßt sich der Wrangler wunderbar sanft und weich auch bei forciertem Tempo über Landstraßen zweiter Ordnung fahren. Das Fahrwerk erweist sich dabei als äußerst schluckfreudig, wobei natürlich auch ein Wrangler weder Blattfedern noch Starrachsen verleugnen kann. In diesem Fahrwerk steckt eine gewaltige Menge Abstimmarbeit und das Ergebnis ist – nicht nur im Vergleich zum Vorgänger CJ – ausgesprochen erfreulich. Beide Achsen werden von einem Panhardstab geführt, vorne gibt es serienmäßig einen Stabilisator, die Federschäkel und die Federpakete sind deutlich stabiler ausgeführt und reduzieren die Querbewegungen der Karosserie auf ein absolut erträgliches Minimum."

1987: Der YJ kommt

Der im Testwagen verwendete 4,2-Liter-Sechszylinder und das an ihn gekoppelte 5-Gang-Schaltgetriebe wurden wie folgt beurteilt: „Obwohl französischer Herkunft, ist das Schaltgetriebe doch in seinem ganzen Wesen recht amerikanisch: Ich würde es eher als 3-Gang-Getriebe mit zweifachem Overdrive denn als 5-Gang-Getriebe bezeichnen. Zwar wirkt sich der extrem lang übersetzte fünfte Gang ausgesprochen wohltuend sowohl auf den Verbauch als auch auf die Nerven des Fahrers aus - so rollt man bei 100 km/h mit gemütlichen 1600 Touren dahin und selbst bei Höchstgeschwindigkeit liegen erst 2000 Umdrehungen an, entsprechend etwa 145 km/h. Im Gegensatz zu den beiden lang und entsprechend lahm übersetzten oberen Fahrstufen gibt sich der Wrangler in den unteren drei Gängen ausgesprochen giftig: Der Sprint aus dem Stand bis zur 100-km/h-Marke läßt sich mühelos in weniger als 13 Sekunden absolvieren. Seidig weich zieht der Motor dabei aus dem Keller, fast wie ein 8-Zylinder - 4,2 Liter und das prächtige Drehmoment von 290 Nm (bei 2000 U/min) lassen grüßen."

Der gegenüber dem CJ veränderte Charakter des Wrangler hat seine Gründe: „Der Wrangler ist

Daß es bei einem OFF-ROAD-Test auch gemütlich zugehen kann, beweist dieses Bild eines blitzsauberen 91er Wrangler vor idyllischer Kulisse. Wer möchte da nicht offen fahren?

Der Unterfahrschutz am Getriebe des 90er Wrangler kam beim Geländetest überaus gelegen.

kein straßentaugliches Geländefahrzeug mehr, wie sein Vorgänger CJ, er ist ein geländetaugliches Straßenfahrzeug und auch als solches entwickelt und konzipiert worden...Dies hängt mit einer Änderung der Käuferschicht an sich zusammen, aber ebenso mit einer Änderung der Nutzungsgewohnheit innerhalb dieser Käuferschicht. Heute dient ein Fahrzeug wie der Wrangler fast 95% seiner Besitzer als Fahrzeug für jeden Tag, während es im Jahr '78 gerade 17% waren, die den Fourwheeler als einziges Fahrzeug jeden Tag benutzten...So nahm man bei AMC nicht nur hinsichtlich der allgemeinen Straßentauglichkeit Rücksicht auf die Wünsche der Kunden, sondern ebenso bezüglich der Geländetauglichkeit. So bekam der Wrangler das bereits vom Cherokee bekannte „Command-Trac"-System zur Aktivierung des vorderen Antriebsstranges eingepflanzt (nur in Verbindung mit dem Schaltgetriebe; die Automatik-Versionen erhalten das „Selec-Trac" genannte System, welches bereits aus den Automatik-Modellen des Eagle bekannt ist). Der vordere Antriebsstrang kann jederzeit während der Fahrt zu- oder abgeschaltet werden."

Gute Noten für den YJ

Summa summarum kommt der Kollege zu dem Schluß: „Der Wrangler wartet mit einer ungeheuren Fülle von Detailverbesserungen auf, beginnend mit einer - zumindest auf den ersten Eindruck - ausgezeichneten Verarbeitung und endend mit einer modifizierten Brücke für die Seilzüge der Feststellbremse am hinteren Rahmenträger. In Verbindung mit dem edlen 6-Zylinder mit 8-Zylinder-Laufkultur und einer Ausstattung, die - wenigstens in der Laredo-Version - keine Wünsche mehr offen läßt, sollte der Wrangler eigentlich all das haben, was ihn auf das technische Niveau derer heben könnte, die schon beinahe enteilt zu sein schienen...Er kam spät, sehr spät sogar. Aber, wie ich meine, nicht zu spät."

Und ab geht die Post" - mit diesem Titel stellte OFF ROAD im Dezember 1990 den neuen 4,0-Liter-Sechszylinder vor, der ab Modelljahr 1991 den Wrangler vorantrieb und ihm eine gehörige PS-Infusion verschaffte. Ein furioser Einstieg brachte den Leser in Stimmung und bewies, daß der Titel keine Übertreibung war: „Der Einfachheit halber kürzen wir hier ab und kommen gleich zum Kern der Sache. Beim vollen Beschleunigen aus dem Stand passiert folgendes: Zwei Wimpernschläge lang benimmt sich der Wrangler 4,0 L so brav und unauffällig wie alle anderen Jeep Wrangler. Er setzt sich zügig in Bewegung. Nach zwei bis drei Sekunden, im ersten Gang, wenn der Drehzahlmesser die 3000-U/min-Marke streift, beginnt das Spektakel. Das Heck des Wagens sinkt plötzlich ab, als hätte jemand einen zehn Zentner schweren Felsbrocken in den Kofferraum plumpsen lassen. Zugleich reckt der Jeep seine Schnauze in die Höhe und stürmt los, wie man es von einem Geländewagen einfach nicht kennt. Die Passagiere drückt's in die Sitze, die Karosserie erzittert, und die mahlenden, schlürfenden und ratternden Geräusche aus dem Antriebsstrang treiben dem Fahrer Schweißperlen auf die Stirn. Erst bei knapp 170 km/h, wenn der Zeiger des Drehzahlmessers in den roten Bereich bei 5200 U/min wandert und zum Schalten vom dritten in den vierten Gang zwingt, reißt der ungestüme Vorwärtsdrang des Jeep ab."

„Doch Ruhe herrscht jetzt noch lange nicht. Der Wrangler wird zwar glücklicherweise kaum noch schneller, der Geräuschpegel hat jedoch mittlerweile ohrenbetäubende 86 Dezibel erreicht. Jetzt muß man schreien, um dem

Praktisch: Reißverschlüsse dienen der Entnahme der Seitenscheiben des Wrangler.

Einer der frühen Wrangler-Tests im Jahre 1988, als der Jeep bereits offiziell importiert wurde.

Beifahrer eine Nachricht zukommen zu lassen. Zwangsläufig beschränkt man sich da auf Wesentliches, auf kurze und knappe Befehle, die das Überleben sichern. „Festhalten!" zum Beispiel. Dann beginnt des Abenteuers zweiter Teil - das Abbremsen von 170 km/h und mehr auf irgendein moderateres Tempo, das der Fahrsicherheit eines kurzen, mit zwei Starrachsen und vier Blattfedern ausgerüsteten Geländewagens eher entspricht. Der erste Bremsversuch mißlingt, weil die Fahrbahn nicht so eben ist, wie sie aussieht, der Jeep deshalb sofort nach dem Tritt aufs Bremspedal einen Haken nach rechts schlägt und seine Fahrt auf dem Pannenstreifen fortsetzt. Kurze Zeit später folgt der zweite Bremsversuch aus 150 km/h, diesmal mit Erfolg und - bei herzhaftem Festhalten des Lenkrads - ohne unerwartete Begleiterscheinungen."

Damit schließt die erlebnisorientierte Betrachtung des neuen Motors und weicht der gewohnt nüchternen und professionellen Analyse: „Tuning ab Werk könnte man es nennen, was die Jeep-Techniker da mit ihrer neuen Nockenwelle angestellt haben. Die scharfe Welle bringt kürzere Ventilsteuerzeiten, sorgt damit für schnelleren Gasdurchsatz und zeichnet im Verein mit einer überarbeiteten Einspritzanlage für die gestiegene Höchstleistung des Motors verantwortlich. 131 kW (178 PS) bei 4700 U/min sind's nun, anstelle der 126 kW (171 PS) bei 4550 im alten Cherokee. Wie schön, freut sich da der leistungshungrige Geländewagenfan, ein paar Mehr-PS können nie schaden. Doch leider haben, wie so vieles im Leben, auch scharfe Nockenwellen ihre Schattenseiten. Ein Blick auf den Drehzahlwert des maximalen Drehmoments zeigt das Dilemma. Aus den 286 Nm bei 2500 U/min im alten werden 288 Nm bei 3850 U/min im neuen 4,0-Liter-Motor. Wahre Abgründe tun sich auf, wenn man die Daten des alten 4,2-Liter-Sechszylinders in die Drehmomentrunde wirft. Denn der erreicht seinen Maximalwert von 271 Nm bei 1600 U/min."

Wrangler 4.0: Ein heißer Motor auf altertümlichem Fahrwerk

In der Praxis heißt das nichts anderes, als daß der Sechszylinder seine bullige Charakteristik gegen eine „sportliche" Auslegung eingetauscht hat. Ist getreu dem Motto, daß ein Geländewagen möglichst viel Drehmoment bei möglichst niedriger Drehzahl abzuliefern hat, die ganze „High Output"-Geschichte also ein glatter Rückschritt? Aber nein, im Gegenteil, der Mensch am Steuer des Wrangler 4,0 L sieht es ganz anders. Als Chef über 178 PS im 1520 kg leichten und 3,88 m kurzen Auto ist er nämlich recht froh darüber, daß der große Dampf nicht schon knapp oberhalb der Leerlaufdrehzahl, sondern erst etwa bei 3000 U/min kommt. Speziell bei Nässe lernt man das zu schätzen. Bei zaghaftem Umgang mit dem Gaspedal verhält sich der Power-Jeep brav wie ein Lamm, droht nicht mit durchdrehenden Rädern und ausbrechendem Hinterteil. Bei Bedarf und trockener Fahrbahn wird er jedoch zum Wolf im Schafspelz, der im Sprint allen anderen Seriengeländewagen auf und davonfährt."

Natürlich wird auch mit angemessener Kritik nicht gespart, die speziell das Fahrwerk des Wrangler trifft: „Für solche Geschwindigkeiten (ab 160 km/h) ist kein Blattfeder-Fahrwerk dieser Welt geeignet. Denn die konstruktionsbedingte Eigenart dieser Uralttechnik, die der Feder neben der Aufgabe des Federns auch noch die Aufgabe der Achsführung zumutet, bedingt bei unebener Fahrbahn ständige, minimale Radstandsveränderungen, die dummerweise zumeist einseitig auftreten und sich mit zunehmendem Tempo verstärken. Der Effekt dieses Vorgangs ist Wranglers permanenter Wunsch, auch bei Geradeausstellung des Lenkrads immer um die Kurve fahren zu wollen. Bis etwa 160 km/h wird dies jedoch selten zum Problem, volle Konzentration und beide Hände am Lenkrad vorausgesetzt. Doch danach wird's kritisch, speziell beim Bremsen."

From wild to mild: Wrangler 4,0 oder 2,5

„...Ein Wrangler ist eben nicht für das schnelle Abspulen von Autobahnkilometern gebaut...Auch mit 178 PS unter der Haube bleibt der Jeep YJ ein Primitivauto, dessen starkes Herz von einer auf das Notwendigste beschränkten Karosserie mit beengtem Platzangebot und winzigem Kofferraum umhüllt wird und dessen Fahrwerkskonzept noch aus der Gründerzeit des Automobilbaus stammt – und genau daraus bezieht er seinen Reiz...Das neue 4,0 L-Modell wird dem „just for fun"-Anspruch mehr gerecht als irgendein Wrangler zuvor. Jeglichem höheren Anspruch, zum Beispiel dem, ein Allround-Geländewagen Pajero, Trooper oder Cherokee zu sein, wird das neueste Modell der traditionsreichen Modellreihe ebensowenig gerecht wie seine Vorgänger."

In solchen Situationen kam dem Wrangler die Kraft des Sechzylinders immer wieder zu Hilfe.

Sprach's und lieferte damit auch schon eine geeignete Schlußbewertung des Jeep Wrangler mit dem heißen Sechszylinder. Doch wie alle Jeep-Kenner wissen, muß man nicht unbedingt sechs Pötte unter der Haube haben, um in einem Jeep auf seine Kosten zu kommen. Aus diesem Grund stellte OFF ROAD im Juni 1993 den offiziell importierten Basis-Wrangler mit 2,5-Liter-Vierzylindermaschine vor. Bei diesem Aggregat handelte es sich allerdings nicht um den Pontiac-Vierzylinder, der im März 1980 getestet wurde, sondern um die seit Modelljahr 1984 verwendete AMC-Maschine gleichen Hubraums. Angesichts des Vierzylinder-Erbes des Jeeps führte dieser Trip ein weiteres Mal „Back to the Roots": „Fakten sagen über manche Autos nur die halbe Wahrheit. Ein Jeep Wrangler 2,5 ließe sich sonst als ein seit 1986 gebauter, für den Freizeitbereich konzipierter Geländewagen des unteren Preissegments definieren. Hinsichtlich Motorleistung und Format konkurrierte er dann direkt mit dem Marktführer dieser Klasse, dem Opel Frontera. Im wirklichen Leben allerdings sieht die Sache ganz anders aus. Ein überzeugter Jeep-Käufer liebäugelt ebensowenig mit einem Opel, wie Johnny Cash ein deutsches Volkslied anstimmen würde. Die Erklärungen dieses Käuferverhaltens, das Jeep-Fahrer vom Gros der Geländewagenbesitzer trennt, gehören zu einem guten Teil ins Reich der Mythen und Legenden und damit nicht in einen Testbericht. Als Faktum festzuhalten bleibt nur, daß der Wrangler 2,5 einen lückenlosen Stammbaum bis hin zum ersten Willys Jeep nachweisen kann. Stärker als jedes andere Mitglied der aktuellen Jeep-Familie verbindet ihn äußere Schlichtheit und der simple Vierzylindermotor mit seinen Vorfahren. Aber man muß nicht unbedingt Purist sein, um sich mit dem einfachsten Modell des offiziellen deutschen Importprogramms anzufreunden. Ganz nebenbei spart der dezente Auftritt knapp 2500 DM gegenüber der höher angesiedelten Laredo-Ausstattung, die mit allerlei Zierat ausschließlich dem Boulevard-Riding entgegenkommt."

Die Testfahrt offenbart Stärken und Schwächen des Wrangler im On-Road-Einsatz: „Der Federungskomfort gehört...zu den weniger charmanten Seiten des Jeep. Die rundum verwendeten Blattfedern sprechen auf feine Unebenheiten nur unzureichend an. Über kleine Landstraßen hoppelnd, schätzt man die Qualität des Fahrbahnbelags stets um eine Kategorie schlechter ein, als sie in Wahrheit ist. Sobald man kurvige Strecken unter die Räder nimmt, wird die Zielvorgabe dieser Fahrwerksabstimmung deutlich. Ohne beängstigende Schräglage zieht die relativ hohe Karosserie willig die vom Fahrer gewünschte Bahn. Erst im hoch angesiedelten Grenzbereich drängt das Heck nach außen. Kurvenreiche Landstraßen zählen somit zu den Domänen des Wrangler, wenn auch der Motor die Freude dämpft.

Seine Kraftentfaltung machte den Vierliter zum erklärten Liebling der Tester.

Objektiv betrachtet reichen die Fahrleistungen des 121 PS starken Vierzylinders für alle Fahrsituationen des Alltags. Selbst auf der Autobahn hält der 2,5-Liter-Wrangler die Richtgeschwindigkeit noch an Steigungen. Grund für das getrübte Vergnügen ist eher die Art der Leistungsentfaltung."

„Temperamentsausbrüche sind kleinsten Jeep-Motoren fremd. Zäh, unwillig und lärmend erklimmt der Vierzylinder höhere Drehzahlbereiche und läßt dabei jegliche Souveränität vermissen. Als Plus kann der simpel konstruierte OHV-Motor lediglich die äußerst gleichmäßige Leistungsabgabe ab 2000 Umdrehungen verbuchen. Im Gegensatz zur früheren 103-PS-Version mit Zentraleinspritzung vermag inzwischen auch die Gasannahme des seit Modelljahr 1991 dank zylinderselektiver Einspritzanlage um 18 PS erstarkten Aggregats zu gefallen. Daß die noch aus AMC-Zeiten stammende, aus dem CJ-Vierzylinder weiterentwickelte Basismaschine dennoch nicht zu den modernsten Konstruktionen zählt, zeigt der Testverbrauch von 15,2 Litern Normalbenzin auf 100 Kilometer. Störend und nicht zuletzt auch kostspielig ist dabei der Umstand, daß sich der Konsum auch bei sonntäglichem Bummeltempo kaum unter 12 Liter drücken läßt, ein zu hoher Wert in Anbetracht der Größe und Fahrleistungen."

Eine Seitenneigung von knapp vierzig Grad kann diesen 90er Wrangler nicht umwerfen.

Was geschieht, wenn der Wrangler einmal ernsthaft im Gelände losgelassen wird? Kann er, der schließlich vor allem für die Straße gedacht ist, dem Namen Jeep und der damit verbundenen Tradition gerecht werden? OFF ROAD machte im März 1994 die Probe aufs Exempel, als ein Wrangler 4,0 schonungslos über Stock und Stein geprügelt wurde. Da kam „Freude durch Kraft" auf: „...wenn es darum geht, mit sichtfördernd abmontiertem Hardtop ein in die Weiten der Steppe davongaloppierendes Wildpferd wieder einzufangen, schlägt die Stunde des besten Stückes dieses Autos, nämlich seines Motors...In den unteren Gängen gelingt es auf losem Untergrund auch bei zugeschaltetem Allradantrieb, alle Viere zum Durchdrehen zu bringen; das hält dann an bis 5100 Touren...Wird die Steppe uneben, ist das noch kein Grund, die Kraftentfaltung des Motors durch übermäßiges Entlasten des Gasfußes unnötig einzudämmen. Von Federungskomfort kann zwar keine Rede sein, dafür weist der Jeep gute Flugeigenschaften auf. Die Landung macht - solange der Fahrer richtig springt, also keinesfalls so, daß der Jeep einseitig oder mit dem schweren Bug zuerst aufkommt - wenig Probleme; die Blattfedern und (Gasdruck-) Stoßdämpfer sind bei der Deutschlandversion so abgestimmt, daß bei einer Sprunghöhe von rund 65 cm und einer sauberen Vierpunktlandung die Federwege genau ausreichen, also daß das Fahrzeug gerade noch auf die Anschläge plumpst, ohne daß dabei ernste Defekte drohen."

Problematisch wird es bei Wasserdurchfahrten, „denn der Wrangler-Motor ist so gut wie gar nicht wassergeschützt; die Wattiefe wird zwar mit 600 mm angegeben,

Fast wie der Ur-Jeep gibt sich dieser Wrangler ohne Türen und mit weggeklappter Scheibe.

der Vierliter atmet 87 cm über Grund ein; doch leider befindet sich der Luftfilterrüssel voll im Schwallwasserbereich der Bugwelle, so daß zügige Wasserdurchquerung allenfalls mit abgedecktem Kühlergrill möglich ist: Probleme gibt es außerdem mit der Zündung, weil die Belüftungsöffnungen für den Zündverteiler so groß sind, daß nicht nur Wasser, sondern richtiger Schlamm eindringen kann."

Im Gelände

Am Hang aber zeigt der Wrangler der Konkurrenz, was eine Harke ist: „Die unverschämte Zugkraft des Motors läßt den leichten Wrangler schon im Straßengang jede noch so steile Steigung hinaufstürmen, solange der Untergrund hinreichende Festigkeit hat. Der Mensch am Steuer findet dies höchst vergnüglich, vor allem, wenn er an all die armen Jungs in ihren zahnlosen Dieseln denkt, die an jedem kleinen 50%-Hügelchen mit der Untersetzung herumhantieren müssen, um nicht zu verhungern. Er probiert stattdessen, an der steilsten Stelle in den zweiten Gang zu schalten; und das geht, denn ein mit einer Person besetzter Wrangler 4.0 erreicht im II. Gang Straße noch immer eine Steigfähigkeit von gut 53 Prozent. Die Reduktion braucht man also eigentlich nur für eine kontrollierte Bergabfahrt. Und dann hilft sie auch, weil sie mit 2,72:1 herrlich kurz ausgelegt ist."

Ganz ohne Wermutstropfen geht es allerdings auch beim kraftstrotzenden Wrangler nicht ab, speziell wenn buckliges Gelände zu bewältigen ist: „Sich langsam in der Untersetzung durch die Hügelchen und Gräben zu tasten, sollte man schnellstmöglich vergessen: denn die Begriffe Federweg und Verschränkung existierten im Vokabular der Wrangler-Konstrukteure anscheinend nicht. Rigide Blattfedern lassen nur geringe Achsbewegungen zu, ein herzhafter Stabilisator tut das seinige dazu, daß eine mit seinem Rad überfahrene Bodenerhebung nur 32 cm hoch, ein diagonal durchquerter Graben nicht tiefer als lächerliche 14 cm sein darf, wenn alle vier Räder Bodenkontakt behalten sollen. Erschwerend kommt hinzu, daß die hintere Differentialbremse ihre Wirkung (max. 60%) erst so richtig entfaltet, wenn entweder beide Hinterräder ein bißchen auf dem Boden stehen oder aber die auftretende Drehzahldifferenz so groß ist, daß Drehmoment zum haftenden Hinterrad geliefert wird. Aber man kann diese Hindernisse ja mit einem Mittel meistern, dessen Anwendung angesichts der überreich verfügbaren Kraft glücklicherweise sehr einfach ist: mit Schwung."

Zum Abschluß unserer OFF-ROAD-Testretrospektive zum Thema Jeep noch ein paar Auzüge aus dem Septemberheft des Jahrgangs 1994, als ein Wrangler 4,0 mit Automatikgetriebe ausgefahren wurde. Das Resümee des Kollegen lautete damals, der selbstschaltende Jeep sei „Gefiltert, aber nicht gezähmt": „Dreistufen-Automatik, das kennt man noch aus den frühen Achtziger Jahren. Man erinnert sich an gequält im Wandlersumpf rührende Motoren, wenig Spontaneität und viel Verbrauch. All dies kann man beim Wrangler 4,0 Automatik getrost vergessen. Der bissig zupackende Sechszylinder quirlt den Drehmomentwandler gekonnt auf. Vom Stand weg stürmt der 1590 Kilo leichte Jeep eindrucksvoll weg, nicht ganz so zügellos wie im ersten Gang des Schaltgetriebe-Modells, dafür aber unter Schonung der beim Jeep besonders verschleißgefährdeten Kardanwellengelenke. Ab Tempo 60 hält die Automatikversion recht lässig mit dem Schaltgetriebewagen mit, trotz der weiten Spreizung der Gangstufen. Das Chrysler-Getriebe wechselt die Gänge zackig, aber beileibe nicht unkomfortabel. Spätestens ab Tempo 130 wirft es schlußendlich die dritte Fahrstufe ein, was den Wrangler aber nicht aufhält. Das Beschleunigungsvermögen ist in jedem Geschwindigkeitsbereich frappant, auch im Stadtverkehr. Es zeigt sich einfach, daß drei Gänge in Kombination mit einem drehmomentstarken Motor und seinem extrem breiten nutzbaren Drehzahlband locker ausreichen."

Wie locker, erkennt man spätestens beim Ausfahren auf der Autobahn: „Die Jeep-Techniker konnten es sich sogar leisten, eine relativ lange Achsübersetzung zu wählen, so daß der Motor nicht ausdrehen muß, sondern selbst bei der Höchstgeschwindigkeit von 167,7 km/h lediglich die 4000-Touren-Marke erreicht. Die dritte Fahrstufe der Automatik liegt also sozusagen zwischen dem vierten und fünften Gang des Schaltgetriebes und weist somit immer noch eine deutliche Schongangcharakteristik auf. Tempo 130 beispielsweise entsprechen 3075 Umdrehungen. Wichtig für verminderten Benzinverbrauch ist nicht nur die geglückte Übersetzung, sondern auch die Ausrüstung der Automatik mit einer Wandlerüberbrückungskupplung. Schon ab Tempo 60 rückt sie bei verhaltenem Gaspedaleinsatz ein und verhindert die Wirkungsgradverluste, die sich durch einen ständig arbeitenden Drehmomentwandler ergeben. Überraschend modern also, der Automatik-Wrangler."

„Daß gleichwohl viel Kraft erzeugt werden muß, um eine derart ungehobelt im Wind stehende Karosse so flott zu bewegen, merkt man am Treibstoffverbrauch. Der Wrangler gibt sich zwar mit Normal bleifrei zufrieden, bedient sich aber reichlich.

Automatik-Jeep: Ruhig und entspannt

Letztlich ergeben sich kaum Differenzen zwischen Automatik- und Schaltgetriebeversion. Im Testschnitt war der Automatik sogar etwas sparsamer, was darauf zurückzuführen ist, daß die Automatik ab Tempo 60, wo immer es möglich ist, sofort die höchste und sparendste Fahrstufe einlegt...Wer flott und doch vernünftig fährt, also so selten wie möglich den Kickdown benutzt und sich auf der Autbahn mit Tempo 140 begnügt, darf auf 15,5 Liter pro 100 km hoffen. Dies soltte man auch für den Stadtverkehr einkalkulieren. Unter zwölf Liter kommt man nur durch zurückhaltendste Landstraßen-Bummelfahrt unter 100 km/h. Konsequentes Vollgasfahren auf der Autobahn treibt den Verbrauch problemlos auf 25 Liter."

Die zentrale Lehre des Tests zum Schluß: „Alles in allem macht der Wrangler 4,0 mit Automatik genausoviel Spaß wie sein Pendant mit Fünfgang-Schaltgetriebe." *Und auf den Spaß kommt es schließlich an bei einem Jeep, nicht wahr?*

Die Demontage des Wrangler-Verdecks gestaltete sich problemlos und kurzweilig.

Kaufberatung Wrangler und CJ

Mehr Jeep

Die zunehmende Popularität des Jeep auch in deutschen Landen hat besonders die Zahl der Wranglers auf unseren Straßen ordentlich anwachsen lassen. Die Folge ist ein überraschend großer Markt für gebrauchte Jeeps in verschiedensten Preislagen. Auch CJ-Aspiranten müssen nicht gezwungenermaßen in die USA reisen, um ein Vehikel ihrer Wahl zu erstehen. Ob Neu- oder Gebrauchtwagen, worauf bei der Anschaffung der beliebten amerikanischen Allradler zu achten ist, soll hier verraten werden.

fürs Geld

Wer hierzulande einen Jeep kaufen will, der kann es sich ganz leicht machen: Er braucht nur zum nächsten Chrysler/Jeep-Händler zu marschieren, sich den Wrangler seiner Wahl auszusuchen und ihn einpacken zu lassen, mit Schleifchen obendrauf. Sinnbildlich gesprochen, natürlich. Aber jetzt mal ernsthaft: kein anderer US-Hersteller kümmert sich heutzutage so ernsthaft um den Export, wie Chrysler es seit einigen Jahren tut. Früher war das anders: Verwöhnt durch den größten Kfz-Absatzmarkt der Welt im eigenen Land, beschäftigten sich GM, Ford und Chrysler in der Vergangenheit bestenfalls im Vorbeigehen mit ihren – zugegebenermaßen relativ wenigen – Kunden außerhalb Nordamerikas (Kanada ist in ökonomischer Hinsicht praktisch ein Bestandteil der USA). Neben der „splendid isolation“, in der sich die Amerikaner jahrzehntelang sonnen zu können glaubten, spielten früher auch noch andere Faktoren eine verkaufsmindernde Rolle auf den Exportmärkten: zum einen machten unvorteilhafte Dollar-Wechselkurse amerikanische Fahrzeuge unverhältnismäßig teuer, zum anderen waren US-Autos meist zu groß, zu unpraktisch und zu unökonomisch, um im kleinen Europa dauerhaften Erfolg haben zu können. Die Detroiter wußten das und machten daher keine Anstrengungen, auf die Bedürfnisse überseeischer Kunden zugeschnittene Produkte herauszubringen; ihr eigener Markt war schließlich groß und profitabel genug.

Für Jeep-Fans kein besonders wichtiger Punkt ist der Stauraum hinter den Rücksitzen.

Seit etwa zehn Jahren jedoch weht der Wind aus einer anderen Richtung. Aufgeschreckt durch existenzbedrohende Krisen in den frühen Achtzigern und durch die massive Konkurrenz aus Japan und Europa, die gut ein Drittel des US-Marktes erobert hatte (in den sechziger Jahren waren es nur zehn Prozent gewesen), entschlossen sich die Amerikaner ihrerseits, in die Offensive zu gehen - mit Erfolg.

Exportziel: Europa

Ihre Autos wurden kleiner, leichter, moderner, ökonomischer und zuverlässiger und damit exporttauglich. Allen voran ist seit damals die Chrysler Corporation, die konsequent einen Großteil ihrer Produktpalette auch exportiert, zum Beispiel nach Deutschland. Zu den großen Rennern zählen neben den allgegenwärtigen Minivans vor allem die Fahrzeuge mit dem Jeep-Emblem, die sich ihre eigene Marktnische erobert haben. In der deutschen Zulassungsstatistik für Geländewagenmarken liegt Jeep immerhin an fünfter Stelle, nach Toyota, Mitsubishi, Opel und Suzuki, aber vor Ford und Nissan.

Die serienmäßige Bereifung des Wrangler ist eher für den Straßeneinsatz gedacht.

Damit sind wir beim Jeep Wrangler angelangt, dessen robuste Individualität ihn in einem vergleichsweise kleinen, aber dennoch nicht zu unterschätzenden Marktsegment zum Kultauto hat werden lassen. Mit 35-45 000 Mark Neupreis angemessen bewertet, kommt der offiziell importierte Wrangler gleich auf bundesdeutsche Verhältnisse zugeschnitten auf den Markt, d.h. alle erforderlichen baulichen Veränderungen, etwa an den Beleuchtungseinrichtungen, sind bereits ab Werk vorgenommen worden. Obendrein gibt es die üblichen Garantieleistungen und ein Händler-/Servicenetz von akzeptabler Größe,

Der harte Geländeeinsatz vieler CJs macht den Gebrauchtwagenkauf zu einem Risiko.

das zumindest in allen deutschen Großstädten eine gute Versorgung gewährleistet. Wer es also ganz auf die simple Tour machen möchte, der gehe den am Anfang des Kapitels beschriebenen Weg.

Alternativ zum Chrysler/Jeep-Händler gibt es noch den freien Importeur, der seine Preise abhängig vom Dollarkurs ständig neu kalkulieren und damit meist günstigere Angebote machen kann. Zu bedenken ist allerdings, daß bei frei importierten Jeeps die Werksgarantien nicht gelten. Ein weiterer Faktor ist die Umrüstung des Fahrzeuges. Offiziell importierte Wrangler sind nicht nur beleuchtungsmäßig auf den Einsatz in Deutschland vorbereitet; auch an Motor und Antrieb werden Veränderungen bereits ab Werk vorgenommen. Die Rede ist hier von separaten Kühlern für Motor- und Getriebeöl bzw. von Heavy-Duty-Teilen im Inneren der Maschinen. Diese Modifikationen dienen dazu, die Mechanik vollgasfest und damit autobahntauglich zu machen. Bei US-Versionen finden sich solche Feinheiten nur äußerst selten; durch die Tempolimits allenthalben sehen nur wenige Amerikaner einen Sinn darin, für solche Extras Geld auszugeben. Wer in Deutschland in Bleifußmanier über die Autobahn fegen will, der muß beim freien Importeur ausdrücklich die Jeep-Exportausführung verlangen.

Steht seit kurzem in den Chrysler-Showrooms: Der gründlich überarbeitete Wrangler, Modelljahr 1997.

Natürlich ist es nicht unbedingt nötig, einen Neuwagen zu kaufen, denn dank Chryslers Exportoffensive gibt es mittlerweile auch ein sehr anständiges Angebot an gebrauchten Jeeps in Deutschland. In der OFF-ROAD-Börse etwa finden sich Monat für Monat zwischen 15 und 20 Wrangler, die zum Verkauf angeboten werden. Meistens handelt es sich um Fahrzeuge, die über Chrysler Deutschland eingeführt wurden, d.h. die Wagen sind selten älter als 5-6 Jahre und vollausgestattet. Die laut einschlägiger Marktanalysen üblichen Preise liegen zwischen knapp DM 15 000 für einen 91er Wrangler 2.5 und rund DM 30 000 für einen 95er Wrangler 4.0 (bei einer durchschnittlichen Fahrleistung von 10-12 000 km pro Jahr).

4,0-Liter-Sechszylinder: Die beste Wahl für den Wrangler

Zwei Motoren finden sich im Wrangler: der 2,5-Liter-Vierzylinder und der 4,0-Liter-Sechszylinder. Der Vierzylinder, ein in die Jahre gekommenes AMC-Produkt, war von Anfang an dabei, zunächst mit 106 PS (1986-90), dann dank zylinderselektiver Benzineinspritzung ab Modelljahr 1991 mit 121 PS. In den offiziell eingeführten

Eine solche Ansammlung von sauberen CJs findet man heutzutage nur noch auf den entsprechenden Markentreffen.

Einer der am seltensten vorkommenden Jeeps dürfte der bullige CJ-10 sein.

Wranglers gab es bis 1991 überhaupt keine Alternative zum Vierzylinder, der in den USA erhältliche 4,2-Liter-Sechszylinder (über den gleich noch mehr zu berichten sein wird) wurde von Chrysler Deutschland nicht angeboten. Der 2,5-Liter ist nicht gerade ein Ausbund an Kraft (siehe OFF-ROAD-Testberichte im entsprechenden Kapitel), aber er versieht seinen Dienst zuverlässig und praktisch problemlos, wenngleich auch nicht übermäßig ökonomisch. Unproblematisch ist auch der Vierliter-Sechszylinder zu nennen, der nicht zu Unrecht mit dem Titel „High Output" versehen wird. Bei nur geringem Mehrverbrauch gegenüber dem Vierzylinder liefert der seit 1991 mit dem Sechser angebotene Wrangler wesentlich mehr Fahrspaß dank 178 PS, ab Modelljahr 1994 sogar 184 PS. Kein Wunder also, daß der High Output den Vierzylinder in der Beliebtheit beim Kunden übertrifft. Er ist ohne Zweifel die beste Wahl. Älteren Datums ist der schon erwähnte 4,2-Liter-Reihensechszylinder, der ebenfalls noch aus der AMC-Ära stammt und bereits 1971 seinen Einstand in diversen Fahrzeugen des untergegangenen Konzerns gab. Wranglers, die von diesem CJ-Erbstück angetrieben werden, sind hierzulande recht selten zu finden, da sie nur über den freien Import nach Deutschland gelangen konnten. Der „258", wie der Sechszylinder in den USA aufgrund seiner Hubraumangabe in Kubikzoll bezeichnet wird, ist natürlich alles andere als ein High-Tech-Triebwerk, sondern ein typisch gutmütiger US-Motor, der mit maximal 120 PS, dafür aber mit 290 Nm Drehmoment bei 2000 U/min aufwartet. Wie alle amerikanischen Maschinen inklusive der obengenannten ist auch der „258" bei moderater Fahrweise praktisch unverwüstlich.

Getriebeseitig ist der Wrangler die große Ausnahme unter den US-Fahrzeugen, da er zumeist mit Schaltgetriebe anstatt der üblichen Automatik ausgerüstet ist, jedenfalls in Deutschland. Das serienmäßige Fünfganggetriebe stammt von Aisin-Warner, in älteren Modellen (1986-88) findet sich ein Peugeot-Getriebe. Beide Einheiten darf man getrost als empfindlich bezeichnen, vor allem, wenn sie an einen Sechszylinder angeflanscht sind. Speziell der 4.0 High Output verführt zu einem rasanten Fahrstil, der das Getriebe oft schon nach weniger als 100 000 km den Geist

Ein typischer Schwachpunkt beim 1987-96er Wrangler sind die Kreuzgelenke der Kardanwelle.

aufgeben läßt. Langlebiger ist das dreistufige TorqueFlite-Automatikgetriebe von Chrysler, das zwar seit einigen Jahren für Vier- und Sechszylinder offeriert, in der Praxis aber meist mit dem Vierliter kombiniert wird. Das Aggregat stammt ursprünglich aus den fünfziger Jahren und ist immer weiter verbessert worden. Es gefällt durch Zuverlässigkeit und Robustheit und schont durch seine kontrollierten Schaltvorgänge außerdem den hinteren Antriebsstrang des Wrangler, namentlich das Kreuzgelenk der hinteren Kardanwelle, das als verschleißanfällig bekannt ist. Wer also keine Vorurteile gegenüber selbstschaltenden Getrieben hat, der ist mit einem Automatik-Jeep besser dran als mit einem Schaltfahrzeug. Dummerweise sind Wranglers mit dem TorqueFlite-Getriebe sehr dünn gesät in Deutschland und machen eine lange und gründliche Suche erforderlich.

Worauf zu achten ist: Antriebsstrang, Schalter und Lampen sowie Rost

Ansonsten gilt es, bei gebrauchten Wranglers auf die Funktionstüchtigkeit der Bordelektrik zu achten. Lichtschalter und Bremsleuchten neigen zu Ausfällen. Erfreulicheres ist dagegen vom Rostschutz zu berichten. Hier wollten die Jeep-Leute das wettmachen, was sie beim Wrangler-Vorgänger CJ versäumt hatten. Spritzverzinkung soll bei vielen Blechen, vor allem im unteren Karosseriebereich, der Korrosion vorbeugen. Nichtsdestoweniger sollte das Fahrzeug gründlich auf einsetzenden Gammel untersucht werden, wie es sich beim Gebrauchtwagenkauf grundsätzlich gehört. Ein Blick auf den Wagenboden (innen und außen), in die Radkästen, auf die Kotflügelränder und die Türen empfiehlt sich allemal.

Schon aufgrund ihrer Reputation werden Jeeps häufiger im Gelände bewegt als andere Allradler, daher sind vorzeitige Verschleißerscheinungen, gemessen an der Laufleistung, durchaus möglich. Die Karosserie und die oben angeführten Bauteile werden durch den Off-Road-Einsatz verstärkt in Mitleidenschaft gezogen, denn trotz ihrer bekannten Solidität sind Jeeps bei weitem keine Panzer; letztere können, nebenbei bemerkt, auch nur relativ kurze Zeit im Gelände herumwühlen, ohne gewartet werden zu müssen und

Ein Wrangler-Extra von Chrysler Deutschland: Kohlefaser-Armaturenbrett.

sind im allgemeinen viel verschleiß- und reparaturanfälliger, als den meisten Menschen bewußt ist.

Kommen wir nun zum CJ-5 bzw. CJ-7, die von 1955-86 gebaut wurden. Sie gelten vielen noch immer als die „richtigen“ Jeeps, speziell den Leuten, denen die Vorläufer Willys MB/CJ-2/CJ-3 zu mickrig sind und der Nachfolger Wrangler nicht kernig genug ist. Wer sich einen CJ zulegen will, der sollte folgendes bedenken : Der CJ ist kein gemütliches Alltagsauto. Es ist zwar richtig, daß die Jeep-Ingenieure im Verlauf der Jahre immer

Mit der CJ-ähnlichen Front will Chrysler/Jeep dem 97er Wrangler neue Freunde gewinnen.

Chromanbauteile erfreuen sich bei deutschen Jeep-Fans überdurchschnittlicher Beliebtheit.

Nur für Freaks: CJ-5 und CJ-7

mehr Komfort-Extras in den CJ hineinpackten, aber den grundlegenden Charakter des Wagens konnten sie dadurch nicht beeinflussen. Speziell CJs aus den Achtzigern weisen oft nützliche Dinge wie Servolenkung oder Bremskraftverstärker auf, aber „boulevard cruiser“ werden sie dadurch noch lange nicht. Das Starrachs-/Blattfeder-Fahrwerk des CJ ist nicht nur hart, sondern stellt auch gewisse Anforderungen an den Piloten, denn die Fahr- und Lenkeigenschaften des CJ auf der Straße sind nicht unproblematisch. Auch der Wrangler hat diese Fahrwerkskonstruktion, aber bei ihm haben die AMC-Konstrukteure mehr

Schaltgetriebe-Ausführungen des Wrangler dieser Modelljahre sind konventionell gestaltet.

Feinarbeit geleistet; schließlich ging es Jeep expressis verbis darum, einen geländetauglichen Straßenwagen zu bauen, der die straßentauglichen Geländewagen CJ-5 bzw. CJ-7 ersetzen sollte.

Das CJ-Angebot auf dem deutschen Markt kann sich durchaus sehen lassen. Neben den früher über den freien Import nach Deutschland gekommenen Wagen sind in den letzten Jahren auch eine ganze Menge CJs privat aus den USA eingeführt worden, die heute auf den Markt drängen. Meistens handelt es sich um Fahrzeuge aus den späten 70er oder den 80er Jahren, die noch in relativ großen Stückzahlen zur Verfügung stehen. Ältere Modelle haben auch in ihrem Heimatland bereits Seltenheitswert, denn sie wurden ihrer Konzeption gemäß zumeist recht ruppig behandelt und am Ende ihrer Laufbahn verschrottet. Anders als früher haben Jeeps auch in den USA mittlerweile Liebhaberstatus und werden nicht mehr für den sprichwörtlichen Apfel und das dazugehörige Ei gehandelt. Gute Exemplare sind drüben auch nicht billig, geschönten Schrott, den geschäftstüchtige Abzocker an unbedarfte Ausländer verkaufen wollen, gibt es reichlich im „Land of Opportunity“.

Beim 1987-96er Wrangler wird das Automatikgetriebe von der Lenksäule aus geschaltet.

Nicht viel anders ist die Lage in diesem unserem Lande. Die meisten CJs, die hier zum Verkauf kommen, haben schon etliche Male den Besitzer gewechselt und sind mindestens einmal - mehr oder weniger sorgfältig - restauriert worden. Gute Stücke können durchaus DM 25 000 kosten, Gurken dagegen werden bisweilen schon für DM 6000 angeboten. Sehr problematisch ist es mit der Originalität; ein unverbastelter CJ ist so selten wie ein eingehaltenes Wahlversprechen. Eine der beliebtesten Modifikationen ist die Motorentransplantation: Sechszylinder raus, V8 rein. Ab Werk wurde der CJ nur von 1972 bis inklusive Modelljahr 1981 mit einem V8 ausgerüstet, und zwar ausschließlich mit

Kraftvoll, langlebig und robust ist der Vierliter-Sechszylinder, der seit 1991 im Wrangler läuft.

dem „304“, einer Fünfliter-Maschine von AMC mit anfangs 150, zuletzt nur noch mit 125 PS. Den meisten deutschen CJ-Besitzern ist das zuwenig, von den Sechszylindern mit 3,8 und 4,2 Litern Hubraum und 100 bzw. 110 PS ganz zu schweigen. Aus diesem Grunde wurden und werden viele „304“-V8 mit sogenannten „hop-up kits“ auf Leistung gebracht. Weil sich der „304“ zum Tunen aber nicht besonders eignet, finden sich auch andere Achtzylinder unter CJ-Hauben, z.B. größere AMC-Motoren wie der 5,9- oder der 6,6-Liter-V8 aus dem Full-Size-Geländekombi Jeep Grand Wagoneer oder sogar V8-Motoren von Chevrolet. Die sind in großen Stückzahlen für recht wenig Geld zu haben und mit Tuning-Kits reichlich gesegnet.

Nein, als Puristen kann man die CJ-Fans sicherlich nicht bezeichnen, mit dem schmalen, niedrigen, müden Original-CJ haben sie nicht viel am Hut. Schneller, breiter, höher lautet hier die Devise. Neben dem praktisch obligatorischen V8 sind Höherlegungssätze für das Fahrwerk und massige Breitreifen die allgemein akzeptierten Nachrüstungsgegenstände. Die Ergebnisse solcher Umbauten variieren, je nachdem wieviel der oder die Bastler von der Materie verstanden haben. Das Resultat kann eine Katastrophe sein, muß aber nicht. Unbestritten sind die Probleme, die die nachgerüsteten Breitreifen vor allem bei höheren Geschwindigkeiten verursachen. So mancher CJ-Pilot macht ungeplante Abstecher ins Gelände, weil die fetten Gummis den ohnehin nicht berauschenden Geradeauslauf seines Vehikels auf der Straße beeinträchtigen.

Für den Kauf eines CJ-5 oder CJ-7 gilt: je weniger Umbauten, desto besser. Extrem hohe, breite und aufgepowerte Jeeps sind mit größter Vorsicht zu betrachten, denn sie neigen viel eher zu Ausfällen als die zugegebenermaßen weniger spektakulären Serienfahrzeuge. Als Motoren empfehlen sich die originalen AMC-Sechszylinder bzw. der „304“-V8, möglichst ungetunt. Über die anderen im CJ angebotenen Maschinen (etwa die Renault-Vierzylinder-Benziner und -Diesel oder die 2,5-Liter-Vierer von GM und AMC) zu reden, hat keinen Sinn, denn die sind im Regelfall schon vom Zweitbesitzer weggeworfen worden wegen ihres akuten Kraftmangels. Besondere Beachtung verdient beim Kauf jedoch der Zustand der Karosserie. Die werksseitige Rostvorsorge beim CJ war nicht der Rede wert, dementsprechend schnell setzte er Gilb an, vor allem in unseren feuchten Breiten. Mittlerweile dürften die meisten CJ-Karosserien mindestens einmal geschweißt worden sein, aber die Haltbarkeit solcher Reparaturen hängt wiederum stark von der Sorgfalt des Restaurators ab. Der CJ-Body sollte daher gründlichst geprüft werden, auch und gerade bei hochglanzpolierten Exemplaren mit blinkenden Alufelgen.

Wenige CJs sind noch original

Jeep-Exoten wie die in diesem Buch angesprochenen Pickups oder Wagons der Baujahre 1946-65 oder der Jeepster sind heute auch in Nordamerika überaus rar und kommen auf dem deutschen Markt praktisch nicht vor. Falls sich einmal ein Scrambler-Pickup (1981-85) hierher verirren sollte und zum Kauf ansteht, dann sind die gleichen Punkte zu beachten wie beim CJ.

Für den Einstieg ins Jeepfahren eignet sich der unproblematische Wrangler besser als der CJ.

Jeep-Daten im Überblick

The Numbers Game

Erklärung: Motor: R4 = Vierzylinder-Reihenmotor; R6 = Sechszylinder-Reihenmotor; V8 = Achtzylinde

Modell	CJ-2A	CJ-3A/3B
Bauzeit	1945-49	1949-53 (CJ-3A) 1953-65 (CJ-3B)
Motoren	R4, 2,2 L (L-Head)	R4, 2,2 L (L-Head) (CJ-3A) R4, 2,2 L (F-Head) (CJ-3B)
Getriebe	3S	3S
Fahrwerk	Starrachsen m. Blattfedern v/h.; Trommelbremsen	Starrachsen m. Blattfedern v/h.; Trommelbremsen
Lenkung	Schneckenlenkung	Schneckenlenkung
Karosserie	Geländewagen offen	Geländewagen offen Chassis (1951/52) (CJ-3A)
Radstand mm	2036	2036 2033 (1956-65)
L x B x H mm	3305 x 1498 x 1752	3295 x 1745 x 1695 (CJ-3A) 3298 x 1749 x 1721 (CJ-3B)
Spur v/h mm	1225/1225	1225/1225 (CJ-3A) 1230/1230 (CJ-3B)
Leergewicht kg	924-963 (je nach Baujahr)	786-958 (CJ-3A) 952-968 (CJ-3B) (je nach Modell u.Baujahr)

tor; Getriebe: 3S = Dreigang-Schaltgetriebe; 4S = Viergang-Schaltgetriebe; 5S = Fünfgang-Schaltgetriebe; 3A = Dreigang-Automatik.

CJ-5/5A	CJ-6/6A	CJ-7
1954-83	1956-75	1976-86
R4, 2,2 L (F-Head) (1954-71) R4, 2,5 L (GM) (1980-83) R4, 3,1 L (Diesel) (1961-69) V6, 3,7 L (GM) (1966-71) R6, 3,8 L (AMC) (1972-78) R6, 4,2 L (AMC) (1972-83) V8, 5,0 L (AMC) (1972-81)	R4, 2,2 L (F-Head) (1956-71) R4, 3,1 L (Diesel) (1961-69) V6, 3,7 L (GM) (1966-71) R6, 3,8 L (AMC) (1972-75) R6, 4,2 L (AMC) (1972-75) V8, 5,0 L (AMC) (1972-75)	R4, 2,5 L (GM) (1980-83) R4, 2,5 L (AMC) (1984-86) R6, 3,8 L (AMC) (1976-78) R6, 4,2 L (AMC) (1976-83) V8, 5,0 L (AMC) (1976-81)
3S (1954-79) 4S (1957-83) 5S (1982-83)	3S (1956-75) 4S (1957-75)	4S (1976-86) 5S (1982-86) 3A (1976-86)
Starrachsen m. Blattfedern v/h.; Trommelbremsen v/h (1954-75); Scheibenbremsen v. (1976-83); a.W. Servo (1966-83)	Starrachsen m. Blattfedern v/h.; Trommelbremsen v/h (1956-75); a.W. Servo (1966-75)	Starrachsen m. Blattfedern v/h.; Trommelbremsen v/h (1976); Scheibenbremsen v. (1976-86); a.W. Servo (1976-86)
Schneckenlenkung (1954-71) Kugelumlauflenkung (1972-83), a.W. Servo, ab 1972	Schneckenlenkung (1956-71) Kugelumlauflenkung (1972-75), a.W. Servo, ab 1972	Kugelumlauflenkung, a.W. Servo
Geländewagen offen	Geländewagen offen	Geländewagen offen
2057 (1954-71) 2133 (1972-75) 2120 (1976-83)	2565 (1956-71) 2641 (1972-75)	2375
3441 x 1822 x 1765 (1954-65) 3458 x 1822 x 1701 (1966-71) 3524 x 1822 x 1701 (1972-75) 3512 x 1739 x 1714 (1976-83)	3949 x 1822 x 1733 (1956-65) 3967 x 1822 x 1701 (1966-71) 4032 x 1822 x 1701 (1972-75)	3752 x 1739 x 1714 (1976) 3756 x 1739 x 1714 (1977-83) 3891 x 1658 x 1755 (1984-86)
1230/1230 (1954-71) 1308/1270 (1972-83)	1230/1230 (1956-71) 1308/1270 (1972-75)	1308/1270 (1976-83) 1417/1399 (1984-86)
[illegible]82-1243 (je nach Baujahr)	1006-1232 (je nach Baujahr)	1118-1263 (je nach Baujahr)

Erklärung: Motor: R4 = Vierzylinder-Reihenmotor; R6 = Sechszylinder-Reihenmotor; V8 = Achtzylinder-V-Mo

Modell	CJ-8	YJ/Wrangler
Bauzeit	1981-85	1986-
Motoren	R4, 2,5 L (GM) (1981-83) R4, 2,5 L (AMC) (1984-85) R6, 4,2 L (AMC) (1981-85)	R4, 2,5 L (AMC) (1986-) R6, 4,2 L (AMC) (1986-90) R6, 4,0 L (1991-)
Getriebe	4S (1981-85) 5S (1982-85) 3A (1981-85)	5S 3A
Fahrwerk	Starrachsen m. Blattfedern v/h.; Scheibenbremsen v., Trommelbremsen h.; a.W. Servo	Starrachsen m. Blattfedern v/h (1987-96); m. Schraubenfedern (ab '97) v/h; Scheiben-bremsen v., Trommelbremsen h.,Servo, ABS (ab '93, nur 4,0 L)
Lenkung	Kugelumlauflenkung, a.W. Servo	Kugelumlauflenkung, a.W. Servo
Karosserie	Pickup Wagon/Van	Geländewagen offen
Radstand mm	2626	2373
L x B x H mm	4221 x 1659 x 1798 (Pickup) 4221 x 1659 x 1830 (Wagon/Van)	3876 x 1742 x 1676 (1986-96) 3856 x 1693 x 1732 (1997-)
Spur v/h mm	1417/1399	1473/1473
Leergewicht kg	1203-1226 (je nach Baujahr u. Modell)	1302-1465 (je nach Baujahr u. Modell)

triebe: 3S = Dreigang-Schaltgetriebe; 4S = Viergang-Schaltgetriebe; 5S = Fünfgang-Schaltgetriebe; 3A = Dreigang-Automatik.

Truck	Wagon/Van	Jeepster/Commando
1947-65	1946-65	1948-51; 1967-73
R4, 2,2 L (L-Head) (1947-49) R4, 2,2 L (F-Head) (1950-62) R6, 3,7 L (Kaiser) (1954-64) R6, 3,8 L (OHC) (1963-65)	R4, 2,2 L (L-Head) (1946-50) R4, 2,2 L (F-Head) (1950-65) R6, 3,7 L (Kaiser) (1954-64) R6, 3,8 L (OHC) (1962-65)	R4, 2,2 L (L-Head) (1948-49) R4, 2,2 L (F-Head) (1949-51) (1967-71) R6, 2,4 L (L-Head) (1949-50) R6, 2,6 L (F-Head) (1950-51) V6, 3,7 L (GM) (1967-71) R6, 3,8 L (AMC) (1972-73) R6, 4,2 L (AMC) (1972-73) V8, 5,0 L (AMC) (1972-73)
3S	3S	3S (1948-51; 1967-73) 4S (1972-73) 3A (167-73)
Starrachsen m. Blattfedern v/h; Trommelbremsen v/h	Starrachsen m. Blattfedern v/h; Trommelbremsen v/h	Starrachsen m. Blattfedern v/h; Trommelbremsen v/h; a.W. Servo (1967-73)
Schneckenlenkung	Schneckenlenkung	Schneckenlenkung (1948-51; (1967-71); Kugelumlauflenkung (1972-73), a.W. Servo
Pickup/Chassis/Cab/Stake	Kombi/Lieferwagen	Roadster/Cabriolet Pickup (1967-73) Kombi (1967-73)
2997	2654	2654 (1948-51) 2565 (1967-71) 2641 (1972-73)
4667 x 1692 x 1889	4476 x 1822 x 1868	4476 x 1822 x 1701 (1948-51) 4277 x 1656 x 1630 (1967-71) 4432 x 1656 x 1584 (1972-73)
1422/1612	1447/1447	1447/1447 (1948-51) 1270/1279 (1967-71) 1308/1270 (1972-73)
896-1580 (je nach Baujahr u. Modell)	1313-1548 (je nach Baujahr u. Modell)	1085-1366 (je nach Baujahr u. Modell)

4 WHEEL PARTS

Spezialist für

-Wrangler YJ / TJ Jeep Cherokee
-Grand Cherokee -Jeep CJ 5 / CJ 7

"Gratis" Katalog Anfordern !

Großes Verschleiß-und Ersatzteillager, jetzt auf 900qm. Kostenloser *Jeep Katalog* über 200 Seiten stark. Bei Anforderung des Katalogs Fahrzeug Typ angeben !
Groß- und Einzelhandel für Jeep Ersatz-und Verschleißteile.
Autorisierter *Bestop* Verdeck-Großhandel

Unser Tip des Jahres:

Einspritzanlage mit Katalysator für für CJ u. Wrangler mit 4,2 l Motor. Mit TÜV Zulassung zur Erfüllung der strengen EURO-1 Abgasnorm.

Das Jeep Handbuch:

Ein Reparatur- und Wartungshandbuch für CJ, YJ, u. XJ Auf über 400 Seiten Jeep Lengende und Tips im Gelände !

Händler- und Werkstatt Anfragen erwünscht !

Jetzt auch im Internet ! Adresse: http://www.media-point.de/j-t

(Keine Orginalteile, sondern Markenartikel anderer namhafter Hersteller)

Achtung wir sind umgezogen, jetzt auf 1000 qm mit neuer Adresse
Tel. 02192/932323
Fax. 02192/932325

Janke & Tavares OHG
Direktimport
Industriestr. 10
42499 Hückeswagen

R.S.W.
PENTA-STAR-STYLING
R.S.W.
Tuning an Chrysler + Jeep® Fahrzeugen
Ringstraße 88–90 · 53757 St.Augustin-Buisdorf
Telefon (0 22 41) 5 67 21 u. 5 67 22 · Fax (0 22 41) 5 68 22
Wir entwickeln und vertreiben seit über
10 Jahren Zubehör für die „Originale“ von Jeep.
Mit dieser Erfahrung setzen wir alles daran,
aus Ihrem Jeep etwas ganz besonderes zu machen.
Rufen Sie uns an, faxen oder schreiben Sie uns.
Wir senden Ihnen gerne ausführliches
Informationsmaterial für Ihren CJ, YJ und TJ,
Wrangler, Cherokee oder Grand Cherokee zu.
Informationen auch unter: http://www.infosystems.de/RSW.htm

WRANGLER

trail master
WRANGLER
trail master

Montage
trail master